Idea man

Idea man

3秒搞定！圖解 職場心理學

克服社交弱點、看穿對方心思、贏得場面優勢的120則心理技巧

實用派心理學家
內藤誼人——著

陳美瑛——譯

前言

輕鬆「讀心」，有效改善職場人際，擁抱自在新生活

心理學在職場上的重要性早已廣為人知，有愈來愈多人了解心理學的各項法則，可以廣泛運用在業務、銷售、產品開發、組織運作，以及正確讀取客戶想法等領域上，並提供能夠有效實踐的具體作法。

尤其，身處在現今以網路為主流（如Facebook等社群網站）的商業模式裡，想藉由公司的既有體制來實現永續經營的理念早已過時，有關心理學的相關知識，更是不可或缺。

這也讓長期擔任企業諮詢顧問的我深刻體悟到，對現代社會來說，「心理學」彷彿扮演著中世紀大航海時代中的「航海圖」與「羅盤」角色。

想在職場上生存，懂得「洞悉對方內心的想法」非常重要。**如果無法讀取彼此內心的想法，就無法在這個時代中前進。**

儘管職場領域對心理學有著高度需求，坊間有關「職場心理學」的書籍卻意外的少。當然，也有不少打著「XX心理學」的名號、大肆陳列在書店架上的書籍，但只要翻閱這些書的內容後，就會發現大多與心理學無關，僅是一些自我啟發的描述而已。

我也曾經買過許多看似相關的主題，不過閱讀之後，內心免不了犯嘀咕：「這也能稱為心理學嗎？」

或許有人會感到疑惑，「那麼，我是不是只要找一本專業走向的心理學書籍來看，就能紮實學好職場心理了呢？」倒也不能如此斷言。

一般來說，專業書籍的內容偏向艱深，如果讓沒有心理統計學背景，或是不熟悉實驗計畫法的讀者閱讀的話，可能還是一竅不通，無法融會貫通。

現實生活中，對「職場心理學」有需求的人出乎意料的多，但查遍坊間，幾乎沒有一本是真正符合全面性、淺顯易懂、解說具體且適合大眾閱讀的入門書籍。

有鑑於此，本書可說是我長期以來的職場觀察，以及相關著述之集大成。我也非常有信心將這些實用內容，介紹給每一位讀者吸收且應用。

一直以來，我始終期盼能將自己畢生精華與觀察經驗，透過「圖解」的方式呈現在大眾面前，希望讓更多讀者能因此學會這些實用的心理技巧。

如今藉由本書的出版，終於達成個人長久以來的企盼，真的非常開心。

書中不僅收錄多達一百二十則的心理技巧，更在各篇加入「重點提示」的欄位設計，方便讀者快速掌握及閱覽重點。

同時，我也收集許多國內外的最新研究，配合圖表及插圖的呈現，讓每一位有心學習的讀者，都能輕鬆吸收其中的心理學知識。

除了職場之外，這些內容也能應用在各個領域層面，發揮有效的助益。

相信此刻正在閱讀本書的你，一定也能從內容中發現許多契機，為自己創造更美好的職涯及更樂觀的未來。

內藤誼人

目錄

Chapter 1 談判時要站穩絕對優勢

集中攻勢的心理技巧

Chapter

2

秒懂看穿對方心思

瞬間判斷的心理技巧

Chapter 3 讓對方百分之百說「YES」

邏輯說服的心理技巧

Chapter 4 人人有機會成為領袖

領導者的心理技巧

Chapter 5 克服內心的軟弱

心智訓練的心理技巧

Chapter 6

將個人能力發揮到極限

突破自我的心理技巧

Chapter

1

談判時
要站穩絕對優勢

集中攻勢的心理技巧

每個人的「實力」都不相同。

實力差的人想獲取成功，就心理學角度，建議採取「集中攻勢」的策略。

「集中攻勢」源自奉行必勝主義的美國。

畢竟，光靠認真與誠懇是無法取勝的；

想成為「成功人士」，就該竭盡所能地運用各種方法。

本章將介紹以「集中攻勢」策略，贏得心理戰的各種技巧。

談判技巧 ❶ 圓融交涉

談判前先寒暄話家常，營造溫馨氣氛

多數人容易受到當下情緒影響。因此在談判前，請盡可能與對方話家常，藉此緩和對方情緒，彼此才能平和地展開談判。

美國哥倫比亞大學（Columbia University）的心理學教授史蒂芬・哈洛恩博士以及他的同事，曾針對「交涉技巧」進行一項遊戲實驗。

遊戲規則很簡單，受試者只需選擇「紅色按鈕」或「綠色按鈕」即可。

首先，他們將大學生分成兩人一組：

①如果兩人都選綠色按鈕，可各得一美元。

②如果兩人都選紅色按鈕，將各失去兩美元。

③如果一人選綠色按鈕、一人選紅色按鈕，那

事前閒談其他話題的效果

	競爭	合作
開心話題	23%	77%
負面話題	46%	54%
什麼都不說	44%	56%

（出處：Holloway, S., et al.）

麼選綠色按鈕的人會失去兩美元，選紅色按鈕的人則可得到兩美元。

換句話說，如果兩人都選綠色按鈕的話，對彼此都不會有損失；但若只想贏過對方，即使擔負風險也無所謂的話，就要選紅色按鈕。

遊戲開始。

過程中，兩人禁止交談。但在遊戲開始前，會讓受試者聽一些幫助心情愉悅的話題，以及讓心情低落的話題。

這個動作，就是**操控情緒**的作法。

結果發現，因為聽了開心話題而心情愉悅的人，比較容易採取合作的態度。

所以，**在開始進行討論或談判前，可以用一些能讓聽者感到溫馨、愉快的話題或故事開場**，讓全程能在和樂的氣氛中進行。

談判技巧 ❷ 誘導交涉

利用主場優勢穩固心理勝算

一般人只要進入陌生環境，就會不自覺地降低自信心。所以洽談業務時，請盡可能安排或邀請對方前來自家公司，這就是所謂的「空間優勢」。

運動比賽中，我們稱到敵隊地盤比賽的隊伍為「客隊」；反之，在自家地盤比賽的隊伍則稱為「主隊」。

根據許多調查研究顯示，在自家地盤比賽的主隊，獲勝機率較高。

美國田納西大學（The University of Tennessee）的心理學家康洛伊與桑德斯・托洛姆，讓大學生進行一項「討論」實驗，地點選在大學宿舍。

首先，他們將受試者分成「在自己房間討論組」與「去他人房間討論組」。實驗者手持碼錶，暗地觀察受試者在自己房間發言的次數，以及到他人房間「作客」的發言次數。

結果發現，多數人在自己的房間都能暢所欲言，可是一旦換成作客角色，就會顯得有所顧忌。

此外，當雙方意見分歧時，如果討論地點正好是在自己的房間，那麼在自己房間討論者的發言次數，會壓倒性地多於到他人房間作客者的次數。

由此可見，**「在主場進行談判時，無形中會讓心理處於優勢地位」**。**所以談判時，請盡可能將地點安排在自己的地盤，氣勢自然會有所提升**。

這也就是為什麼每當主管有重要命令吩咐時，會把下屬找進自己辦公室，或是叫到座位旁的原因。因為光是將對手請到自己的地盤，就已經在心理上站穩優勢了，這就是所謂的**主場優勢**。

類似情況還有——當你請客時，可以把地點選在「自己常去的餐廳」。經常光顧的餐廳也算是自己的主場，這道理就跟請客人到自己家裡一樣。

談判技巧 ❸ 香氣效果

運用香氣促使對方讓步

與人談判時，可善用「香氣」的作用。因為香氣具有直接影響人類本能、在無形中軟化對方態度的效果。

最有利的談判場所，是帶點淡淡清香的環境。比起什麼味道都沒有的空間，好的香氣有助於展開談判過程的集中攻勢。

美國壬色列理工學院（Rensselaer Polytechnic Institute）的羅伯特．巴隆博士，以四十名男性與四十名女性為對象，進行一項有關「香氣」的談判實驗。

巴隆博士將同性男、女以兩人一組的方式分為數組，由一方擔任資方，一方擔任勞方，針對預算內容各自進行談判。

在開始談判之前，實驗者預先在半數受試者的談判場所營造宜人香氣。至於氣味的選擇上，也已經事先做過喜好調查，因而選出「清新爽身粉」與「浴後香精」兩種。

結果顯示，相較於沒有任何氣味的場所，置身在瀰漫宜人香氣場所的人，不僅在敏感的金錢議題上較為願意讓步，也不容易產生對抗的態度。

因此，建議女性在開始談判前，可先在身上噴點優雅清香的香水；如果是男性的話，可預先在談判場所中噴灑香水。

只要事先做好準備工作，就能促使對方做出讓步與妥協。

香氣對人類的生理反應影響極大，只要善加運用，必定能在不知不覺中，讓對方言聽計從。

尤其在遇到難纏對手時，更需要利用這項技巧來提升對方主動妥協的可能性，讓他順從你的腳步進行。

有一點要特別注意的是，雖然選

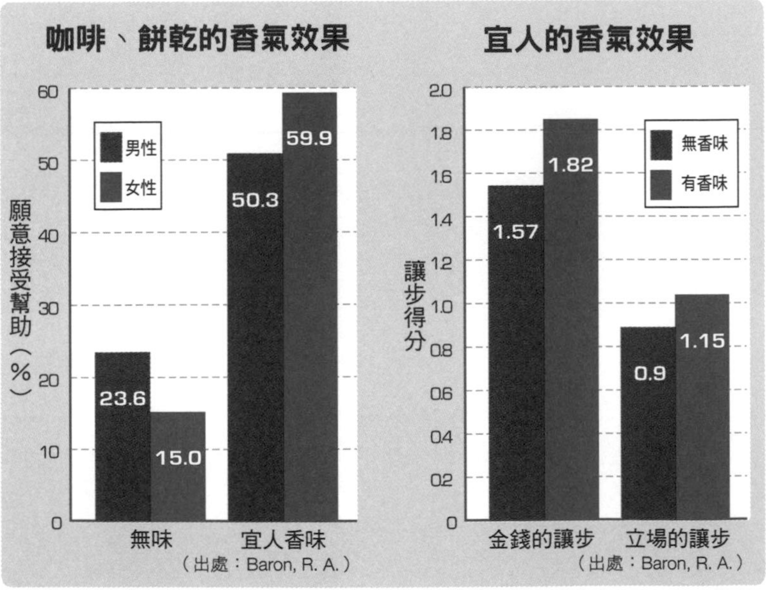

擇男性、女性都喜歡的花香味不錯，多數人卻不喜歡過於濃烈的味道，建議還是選擇清涼芬芳的花草香味較佳。

除了香水之外，像是帶有香氣的咖啡、剛出爐的餅乾等，也被認為具有放鬆心情的效果。可以若無其事地建議對方點選，也能營造有助於後續商談的氣氛。

「我好緊張，想說的事連十分之一都說不出口……」

「因為對方一直逼我，我只好又讓步了……」

如果你有類似上述的困擾，**這些都能透過香氣的力量，從生理層面來掌控對方，獲得解決**。

自我展現 1 表情訓練

咬住原子筆三十秒鐘，訓練自然笑容

平時就要訓練臉部笑容，無論身處在什麼情境，便能以自然的表情及從容的態度應對；對方會因而提高對你的評價，並做出正面回應。

假設有兩名能力相當的業務員，一位總是笑容滿面，一位老是板著臉孔。想當然耳，一定是不時堆滿笑容的業務員比較受到客戶喜愛吧！

與笑容滿面的人接觸，自己的心情也會跟著變好。**因為笑容具有與任何人都能產生共鳴的效果**。

德國曼漢姆大學（University of Mannheim）的心理學家弗瑞茲．史托拉克博士等人，針對「笑容」進行一項有趣的實驗。

首先，他將九十二名男學生分成三組進行下列動作（刻意做出某種程度的人為表情）；完成後，再請他們看四則漫畫。

這三個動作及表情分別為：

動作一　用嘴唇含著原子筆↓（做出愁苦的表情）

動作二　以手握住原子筆↓（臉上毫無表情）

動作三　用牙齒咬住原子筆↓（做出微笑的表情）

實驗開始前，為了不影響事先假設，所以沒有明確告知受試者必須「做出笑容」，只有利用原子筆的輔助來做出各種人為表情。

前述動作完成後，再請受試者閱讀漫畫。

結果發現，用牙齒咬住原子筆（動作三）、刻意做出笑容的小組，是看漫畫最愉快的一組。

臉上毫無表情的人，是無法在商場、職場上獲勝的。

如果想讓臉上時常堆滿笑容，不妨每天出門上班前，或是參加重大會議前，先用牙齒咬住原子筆三十秒吧！

這麼一來，你的心情不僅會在不自覺間變得開朗，一段時間後，臉上也會出現發自內心的真正微笑。

儘管一開始是刻意的動作，一旦真的出現笑容後，就會覺得這世界真是愈看愈可愛、愈來愈有趣。

出門約會前，
請用牙齒咬住原子筆三十秒來訓練自己的笑容吧！

自我展現 ❷ 慎選眼鏡

選對眼鏡！凸顯知性魅力，隱藏五官缺點

記住！即便只是眼鏡，也要挑選一副有助於自己事業的眼鏡。如果選到一副適合自己臉型的鏡框，眼鏡就會成為你展現「知性魅力」的重要道具。

美國心理學家大衛・路易斯（David Lewis）在《成功的祕密語言》（*The Secret Language of Success*，暫譯）中，曾針對「職場人士的裝扮」進行探討。

在此要特別提醒讀者，「**挑選眼鏡**」時，必須多花點心思。

「視力不佳」是現代人的常見問題，所以在外國人的印象裡，總

選對鏡框的鐵則

圓形臉	宜選上下、側邊為直線，且側邊內角偏窄的鏡框，較能展現成熟的魅力。
方形臉	與圓形臉相反，宜選帶有圓弧線條的鏡框，較能修飾外表給人的剛硬印象。
長形臉	宜選寬大、兩側粗圓的鏡框，不僅能修飾臉的長度比例，也會讓臉部看起來更加立體。
倒三角形臉	宜選下緣帶有弧度、看似輕巧的鏡框，藉此與臉型取得平衡及互補。

覺得日本人一定都是戴著眼鏡。

既然「戴眼鏡」已經無法避免，那麼就請選擇一副對自己事業有幫助的眼鏡吧！**只要鏡框選得好，不僅可以凸顯五官魅力，也能隱藏五官缺點**。

但是，要如何挑選適合自己的鏡框呢？

每個人可以依照自己的鼻型、臉型來做為判斷基準。

原則上，臉型大致可分成圓形、方形、長形、倒三角形等四種。我們可以根據前頁整理的挑選原則，選擇適合自己的鏡框。

心理學家哈密德博士曾經做過一項實驗。

他找來一位模特兒，拍下他戴上眼鏡前、後的相片，再請許多人針對相片評論。

結果發現，戴眼鏡可以使人散發出「知性」的氣質。

所以，如果想要打造自己的知性魅力，不妨借助「眼鏡」這個小道具吧！

自我展現 ❸ 服裝選擇

男性風格裝扮，容易給人具決斷力的印象

在工作職場，服裝對人的影響非常大。男性風格的裝扮，容易給人具決斷力的印象。這個原則也同樣適用在女性。

美國邁阿密的桑德拉·福賽斯，找來許多銀行人員及公司行銷人員。

他替這些人拍完照後，將照片提供給各公司的人事主管，請他們站在招募員工的角度，針對「**陽剛**」與「**決斷力**」這兩個項目，由一～四進行評分。

結果發現，一些在「**陽剛**」

男性特質 VS. 決斷力

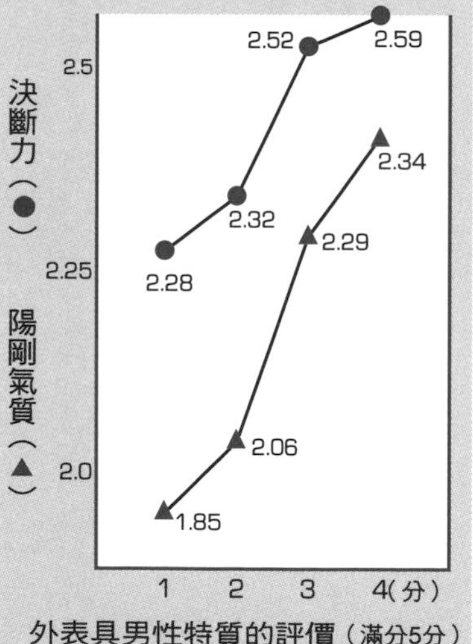

（出處：Forsythe, S. M.製作）

項目中得到高分者，就是身著男性風格服裝的人。而且這些人在「**決斷力**」的項目上，也會得到較高的分數。

由此可見，「陽剛」與「決斷力」之間，具備明顯的正相關。

那麼，什麼是具男性風格的裝扮呢？

首先，顏色上必須選擇深黑或深藍，像是法官、工程師的服裝就很符合這個條件。

其次，樣式上必須是直線造型，譬如直式線條就優於圓點花紋。

換句話說，比起圓形曲線，方形線條給人的印象會來得更加深刻。

這種心理技巧不只適用在西裝上，就連眼鏡、領帶花紋，或是長褲版型等，都一律適用。至於女性的話，建議穿著褲裝會比裙裝有利。

另外有趣的一點是，相較於體型圓潤者，體型纖瘦的人容易給人具決斷力的印象。

自我展現 ❹ 說話速度

依據性別，採取不同說話速度

想要提升自己的好感度，依據對方性別採取不同說話速度很重要。原則上，男性會對說話速度快的人產生好感；女性則對說話速度沉穩的人產生好感。

美國馬里蘭大學（University of Maryland）的菲爾德斯坦因博士，曾以三位男性、三位女性為實驗對象。

他先讓受試者們聆聽一段演講錄音，接下來請他們回答對內容的好感度。

在這段錄音內容中，依照**說話速度**共可分為六個階段。最快

說話速度 VS. 好感度

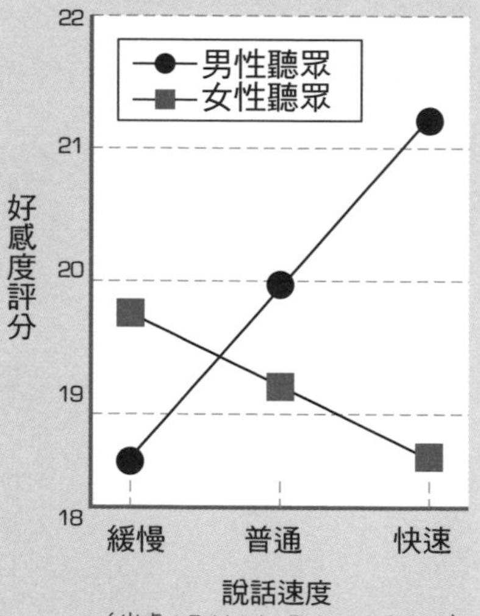

（出處：Feldstein, Dohm, & Crown）

時，每分鐘可多達兩百個字；最慢時，則設定每分鐘一百個字。

結果如圖所示，顯然男性與女性的回答完全不同。

現實生活裡，我們也可以將這樣的結果運用在職場上。

比方說，與主管或下屬談話時，可以依據對方的性別，採取不同的說話速度。或是商場上，根據客戶的性別來調整說話速度，以提高業績達成的可能性，也是很值得參考運用的心理技巧。

總之，**如果對方是男性的話，稍微加快說話速度可提高自己在對方心中的好感度；反之，如果對方是女性，就要以稍微緩慢、沉穩的速度說話。這麼一來，很容易就能給對方留下良好印象。**

自我展現 ❺ 說話力道

讓人感覺有氣勢的對話能操控對方心思

只要呈現抑揚頓挫的語調，並提高說話音量，就能讓你的氣勢大增。本章節是指心理層面的氣勢感受與展現。

美國東卡羅萊納州立大學（East Carolina University）以波尼・艾瑞克森博士為首的研究團隊，針對「什麼樣的說話方式容易給人軟弱無力印象」這個論點，做出下列四種假設。

反之，如果**想給人具有氣勢的印象**，則須避免以下四種說話方式。

①**強調表現**：「非常」、「相當」、「很多」

②**模稜兩可**：「我是這麼想的」、「可以這麼說……」

③**猶豫不決**：「嗯……」、「那個……」

④**詢問結尾**：「我想是這樣的吧？」

此外，實驗團隊更進一步將上述四種說話方式，分別帶入兩篇判決模擬文，讓毫不

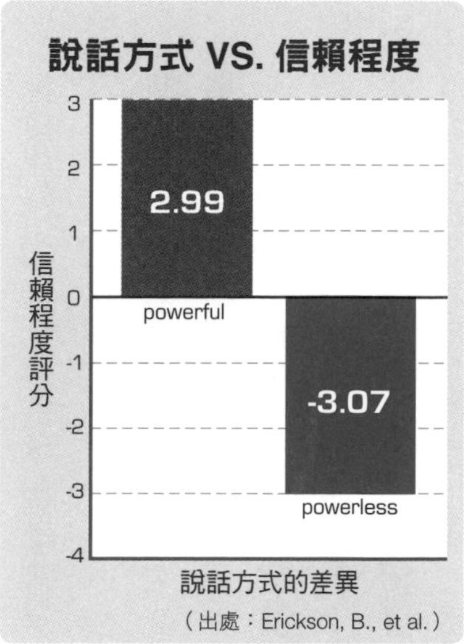

知情的學生閱讀，試圖就「信賴程度」及「喜好程度」進行評分。

結果如圖所示，如果用前述四種表現方式陳述的話，容易降低他人的信賴程度。

所以，**如果想讓對方信賴自己，或是彰顯個人氣勢的話，那麼說話時，請務必言簡意賅、語氣果決。**

這點非常重要！

當然，以短句對話有時會讓過程顯得枯燥無味。可是，若想營造對話氣勢、表現自己說話力道的話，這個方法還是最好的！

肢體語言　誘導動作

巧妙運用肢體動作，掌控對話進展

只要懂得調整語言動作，就能掌控對話節奏，讓流程依照自己的計畫進行，有效控制說話者的發言及結束時間。

很多人喜歡把對話比喻成投接球。

投接球時，如果一方投球速度太快，另一方就會接不到球。或是一方緊抱住球不放，當然遊戲就無法繼續下去。

此外，對話中最重要的，就是雙方都要能夠輪流發言。如果想要如此順暢進行，**「調整語言動作」**的技巧就很重要。

所謂**「調整語言動作」**的技巧，是指為了讓對話過程能順利進行，所採取的誘導動作。而能有效誘導對話進行的動作很多，下面我們就來逐一說明。

當對方開始放慢說話速度，而你卻沒有時間、耐心聽完時，可以利用「不斷點頭」的誘導技巧，暗示對方加快說話速度、盡快說出重點。

利用肢體動作來掌控對話進展

希望對方盡快說出重點時

可做出「不斷點頭」的動作，以暗示對方加快速度。相反地，「慢慢點頭」則透露出「你的話很有趣」、「我想再多聽些」等訊息。

希望交出發言權時

可降低自己的說話音量及速度、拉長最後音節的母音，將視線朝下。並且在說完最後一句話後，直盯著對方眼睛。

希望中斷對方冗長發言時

可做出「伸食指」的動作，以暗示對方「能否讓我插句話」。

希望對方知道自己已經聽不下去時

可做出雙手交叉抱胸，將視線朝下，抖動翹起的一腳等動作，以暗示對方「真無聊」。

希望對方讓自己再多些發言時

可抓住對方的手，並輕輕按住，以暗示對方「等等，我還沒說完」。

如果你察覺自己發言時，對方的回應次數愈來愈少，開始淪為自言自語狀態的話，就該意識到是交出發言權的時候了。

當你想要交出發言權、讓對方開口說話時，可以慢慢降低自己的說話速度及音量，並在說完最後一句話後，直盯著對方眼睛，這樣對方就會了解你的意思了。

但要是對方還是沒有開口的話，不妨以手輕輕觸碰對方身體，促使對方開口。

若是不想再聽到對方發言時，只要摸摸鼻子或耳朵，對方就會感受到你的意思。

善用這些調整語言動作的技巧，就能隨心所欲地掌控對話流程，在自己認為適當的時機，中斷對方發言，或是轉移發言權，促使對方說話。

在日常生活中的各種場合，不妨多多練習這些技巧吧！

提升魅力技巧 ❶ 展現善意

想贏得他人好感，請如實展現及傳達善意

所謂「喜歡反應的互饋交流」（Reciprocity of Liking），是指如果彼此欣賞，當一方釋出善意時，另一方也會以積極態度回應。請找出對方的優點，並釋出善意吧！

無論在商場或職場上，贏得他人對自己的好感非常重要。

過去曾有專家指出：「讓對方產生好感的**演出技巧**，正是氣勢的來源。」

美國伊利諾州立大學（Illinois State University）的女性心理學家蘇珊・史普瑞秋博士，請來三百八十一位大學生（其中男性一百四十位、女性二百四十一位），調查他們五年內結識朋友的關係。

結果如表格所示，不認識的人之間之所以能成為朋友，具有幾項決定性因素。

其中包含「因對方情況與自己相似」這個項目。

由此可見，**如果想要贏得對方好感，在「相似性」的強調上非常重要。**

比方說：「我的想法和你一樣耶！」

「你也是〇〇市的人呀？我也是！難怪我一看到你就覺得特別親切。」

「原來我們有共同的興趣啊，真是太棒了！」

只要能以上述方式進行對話、交談，必定能在對方心中留下良好的第一印象。

「請先學會喜歡客戶」，相信許多業務員都曾得到過這樣的建議，因為「喜歡對方」是很重要的。

喜歡他人的祕訣，在於對對方抱持高度的「好奇心」。

「他是哪種性格的人呢？」

「中午都吃些什麼？」

成為朋友的決定性因素

項目	決定性因素
溫柔與體貼	3.53
彼此互有好感	3.26
對方心態、想法與自己近似	3.15
對方興趣、關心事物與自己近似	3.11
知性魅力	2.90
社會技能與自己近似	2.82
家庭背景與自己近似	2.80
富有野心	2.58
居住地相近	2.55
外表具吸引力	2.40
金錢（資產）	1.43

（出處：Sprecher, S.）

「他有小孩嗎？」

透過這些微小的好奇心來與對方接觸，就足以令對方對你產生好感。

而且，**只要你讓對方感受到你是善意的，相信對方也會給予善意的回應。**

但必須注意的是，**如果沒有確實將自己對對方的好感傳達給對方的話，那就完全沒有意義了。**

光在心裡想著「他人真好」是不夠的，一定要與對方溝通，將心裡的想法確實傳達給對方才會產生效果。

「雖然我是個怕生的人，但和你初次見面，卻完全不會感到彆扭或不安喔！」「只要和你在一起，我的心裡就會感到平靜。」

類似這樣，透過語言將自己的善意如實傳達給對方。只要對方不是特別討厭你的話，一定也會真心喜歡你的。

提升魅力技巧 ❷ 博取好感

利用「變色龍效果」獲得對方好感

基本上，每個人都喜歡和自己類似的事物。所以說話時，只要模仿對方的語調或說話方式等，就能讓對話順利進行。這就是所謂的「變色龍效果」。

美國紐約大學（New York University）的塔尼爾．查特蘭博士曾進行以下實驗。

他讓事前知道實驗目的的實驗者，與被蒙在鼓裡的受試者進行對話，並安排某位實驗者在過程中，要盡可能模仿受試者的聲調、說話方式等。其餘實驗者則不模仿。

經過幾分鐘的對話後，再請受試者針對對方的好感度，進行評分。

結果發現，在滿分九分的分數中，模仿者得

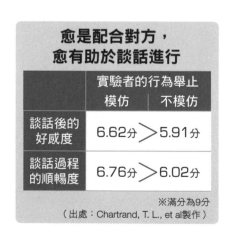

愈是配合對方，愈有助於談話進行

	實驗者的行為舉止	
	模仿	不模仿
談話後的好感度	6.62分 >	5.91分
談話過程的順暢度	6.76分 >	6.02分

※滿分為9分

（出處：Chartrand, T. L., et al製作）

到六・六二分，不模仿者則得到五・九一分。

同時，這實驗也針對「過程順利與否」進行調查。

結果顯示，在滿分九分的分數中，模仿者得到六・七六分，不模仿者則得到六・〇二分。

因此，查特蘭博士將這種模仿效果稱為「**變色龍效果**」。

一般人都喜歡與自己類似的東西，「變色龍效果」也可說是其中一例。

在下一章節，我們所要介紹的「**鏡射效應**」也有類似作用。只要模仿對方的肢體動作、舉止、手勢等，很快就能博取對方的好感。

提升魅力技巧 ❸ 鏡射效應

模仿對方姿勢，取得認同與信賴

想要獲取對方的認同與信賴，還可以用做出與對方相同姿勢的「鏡射效應」，以及做出與對方相反姿勢的「互補性鏡射效應」。

心理學上，將群體（兩人以上）採取相同姿勢的現象稱為「**鏡射效應**」（The Mirror Effect）。比方說，有個人雙手交叉抱在胸前，另一個人也可能跟著做出相同動作的反應就是。

鏡射效應不僅容易取得對方好感，同時也是有效的商場策略。現在，**請完完全全模仿想要博得好印象的對方姿勢**。你會驚訝發現，不僅可以得到對方的認同，也會提升對方對你的信賴感，令人相當難以置信。

美國心理學家路易斯博士也指出，只要靈活運用**鏡射效應**這個方法，在一些商業談判等場合，獲得同意的機率就能提高百分之五十。或是在一些銷售說明會上，引起對方興趣的機率也會增加兩成。

對話技巧中，還有一種重複對方說話內容的「鸚鵡學語」策略，也可以運用在模仿對方的動作或姿勢上。

此外，在**鏡射效應**中，還有一種稱為「**互補性鏡射效應**」的方法，也就是做出與對方完全相反的動作。

譬如，當對方將身體往後仰時，你就故意做出前傾的動作。

根據幾項實驗報告顯示，比起單純的**鏡射效應**，有時「**互補性鏡射效應**」的效果來得更好。

因此，若想在商業場合使用**鏡射效應**的話，不要單單使用**鏡射效應**，也要把「**互補性鏡射效應**」運用得熟練才行。

簡報技巧 ❶ 動作

適時運用「誇張動作」來展現自己

也許多少會感到難為情，但一定要盡可能讓肢體動作明顯。這麼一來，對方不僅注意到商品內容，也會聚焦在你這個人身上。

從許多心理學實驗證實，人類的注意力很容易落在「會動的東西」上。

美國有一種會以略為誇張的動作，或是出奇不意的方式，取出藏在講桌內側東西，**讓觀眾感到驚奇的「表演技巧」**（Showmanship）。

這點，我們也必須多加學習。

簡報的效用不是只有說明產品內容而已，同時也是行銷自己的一場表演。

比方說，以演說技巧聞名的前美國總統約翰．甘迺迪就非常擅用「**視覺手勢**」。

他不僅能巧妙地利用雙手來表達自己想說的話，也經常在演說過程中，用右手拍打左手掌來製造氣勢。

我們將可以利用雙手來製造氣勢的動作，約略分成三種，分別是：

① 氣勢、權威性

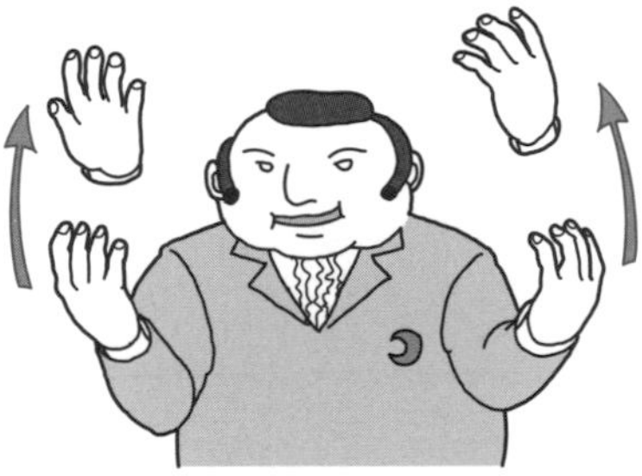

② 親切、溫和

③ 包容、認同

①將手掌或手指做出由上往下移動的動作，可以表現「氣勢」、「權威性」；

②將手掌或手指做出由下往上抬舉的動作，可以表現「親切」、「溫和」；

③將手掌或手指做出往兩側伸展的動作，可以表現「包容」、「認同」。

面對無論如何都不能讓步的談判，或是想讓猶豫不決的對手盡快做出決定時，那麼「上下拍掌」就是很有效的作法。

但若要表現「溫和」的態度時，則可以做出「雙手抬舉」的動作。

總之，動作一定要大到**連自己都覺得誇張**才有效果。

從現在開始，請鼓起勇氣，嘗試在一些場合練習看看吧！

簡報技巧 2 姿勢

「姿勢平衡」會讓對方安心

進行簡報時，請維持身體左右兩側平衡的姿勢。身體一直維持在挺直狀態可能會有些許不舒服，但左右兩側平衡的姿勢，卻能帶給聽眾安全感。

一般來說，人們會認為身體左右兩側維持在平衡狀態較具有美感，這在心理學上稱為**「對稱原理」**（Symmetry）。

美國新墨西哥大學（The University of New Mexico）的生物學教授藍迪．松希爾博士等人從實驗中發現，**如果想要得到對方善意的回應，那麼維持身體左右兩側姿勢平衡是很重要的**。

松希爾博士進一步分析表示，有時台下聽

進行簡報時，必須避免的姿勢
● 身體靠在牆上
● 單手靠在講桌上
● 翹腳
● 雙手交叉抱胸
● 歪著頭（女性的話或許還能給人好感，但仍應避免）
● 單手攤放在桌上
● 身體靠著椅子
● 單手握住麥克風不動（另一手應做些手勢取得平衡）
● 單手貼著後背
● 單腳向前的站姿

眾之所以會感到不適或不耐，可能是講者的身體沒有維持在平衡狀態的緣故。

現代人對電腦的依賴大增，導致愈來愈多人的身體變得不結實，失去平衡。所以，至少在與他人見面時，一定要有意識地注意自己身體的姿勢。

簡報技巧 3 說話方式

照稿唸讀，對聽眾來說簡直「無聊到爆」

簡報時，如果講者的眼睛一直看著地上，這樣是很難讓聽眾感受到自己力量的。記住！成為簡報專家的第一步，就是要改掉照稿唸讀的壞習慣。

有時，我們會看到一些政治家在發表言論時，只是照著手上的草稿逐字唸讀，這種行為絕對要避免。

為什麼呢？

有下列兩點理由：

一、**眼神接觸是提高親密度與認同感的武器**。一旦照稿唸讀，就無法與聽眾的眼神有所接觸，如同自己主動把武器丟掉一樣，相當可惜。

二、**肢體語言可以豐富簡報內容，展現氣勢**。沒有肢體語言的簡報，會讓聽眾感覺相當無趣。

此外，從神經語言學已經證實的資料得知，人類的「聽覺」優於視覺。因此，**與其**

在意自己的說話內容，倒不如重視動作等視覺上的表現，更能帶給對方深刻的印象。

順帶一提，如果麥克風是可以移動的話，就請離開講桌，讓台下聽眾可以看到你的全身，這麼做更能提高說話的氣勢。

進行簡報時，一手握住麥克風，另一手拿著光束簡報筆是比較好的作法。可是偏偏有些人會在說話的同時，不斷把玩手中的簡報筆，這種行為很容易讓聽眾認為你不專業、神經質的印象。

其實，只要使用得當，簡報筆也能成為塑造形象的有用小道具。

在沒有使用必要的情況下，還是放在講桌上就好，從增加自己的肢體動作著手會比較恰當。

至於簡報內容，如果事先未經構思或擬定草稿，很容易顯得太過草率；但如果事前謹慎擬定內容，又很容易照稿唸讀。

所以最好的作法，就是以條列方式簡單列出重點。這麼做的好處在於，會讓簡報內容顯得更加自然生動。

簡報技巧 ❹ 燈光效果

簡報後開啟現場燈光，聽眾心情會跟著開朗起來

活用視覺工具會讓簡報更具效果，但結束後，請記得開啟現場燈光。因為如果是在昏暗狀況下結束簡報的話，會在聽者腦中留下昏暗不明的印象。

根據賓州大學（University of Pennsylvania）的調查結果顯示，運用**視覺工具**輔助的簡報，具有下表所列的幾項好處。

此外，根據明尼蘇達大學（University of Minnesota）的調查也發現，有加入**視覺工具**輔助的說明，會比沒有使用視覺工具的說明，提高百分之四十三的說服力。

也就是說，**比起只用耳朵聽，透過眼睛「看」的效果更好。**

使用視覺工具的四項好處

❶ 容易得出結論

❷ 容易引起共鳴

❸ 聽者容易給予簡報者好的評價

❹ 會讓聽者產生參與感

所以進行簡報時，請盡可能使用投影機等器材來輔助說明。

不過有一點要特別注意，就是在簡報進行過程中，為了清楚呈現螢幕內容，會刻意調暗現場的燈光亮度。

有些講者在簡報結束後，便直接在昏暗的環境下用「以上就是我的說明」結束，這樣的ending非常不好。

人類大腦通常會留下一開始與最後的記憶。**如果在昏暗環境下結束簡報的話，就會在聽眾腦中留下昏暗不明的印象。**

即使重新開啟現場燈光會耽誤些許時間，可是光線不僅能夠帶給台下聽眾明亮的感受，也會提高簡報者這方的「氣勢」。

因此在簡報結束前，請務必重新開啟現場燈光。

簡報技巧 5 掌握聽眾

善用「AM理論」讀取聽眾心理

只要運用「AM理論」，就能確實掌握聽眾心理。請務必學會這個方法，並實際運用在簡報、會議等各種場合吧！

根據座位的選擇來了解對方內在個性，就是所謂的「態度地圖理論」（Attitude Map），簡稱「AM理論」。

①從講者的角度來看，坐在左側的人多為支持者、容易釋出善意的人。

②從講者的角度來看，坐在右側的人多為不支持、不認同的人。

③反對派的主要人物，多半會坐在右側的正中間位置。

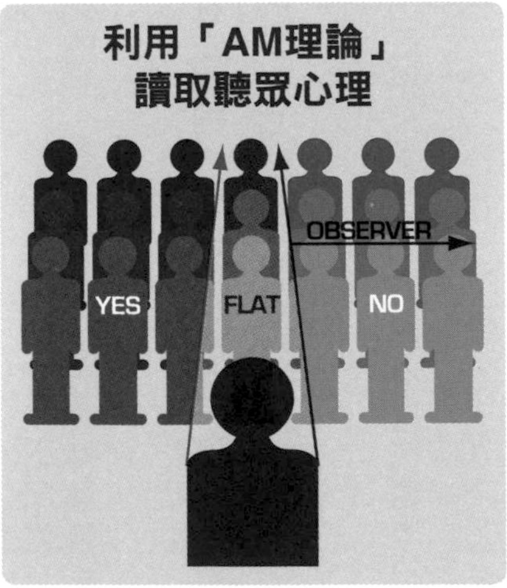

④坐在講者正對面的人，比較容易採取理性的態度。

⑤坐在右側後方的人屬於觀察者，如果忽略他們的話，日後這些人可能會轉為反對立場。

因此，**如果想要取得聽眾認同，請盡可能與坐在左側的人進行眼神接觸**；但如果會議現場氣氛不夠熱絡的話，請盡量與坐在右側後方的人說話，嘗試將這群可能採取中立立場的人，轉為你日後的支持者。

另外，坐在右側的人，可能會針對你的簡報提出嚴厲批評。所以，如果自己還不是很熟悉內容的話，就請直接忽視他們，這也是策略之一。

人心掌握術 1 避免怯場

「Z字形」移動視線容易打動聽眾

如果聽眾是從前排座位開始隨意就座的話，就從左後方開始，以「Z字形」移動視線。記得要以緩慢、柔和的方式，將目光投向台下聽眾。

很多人在面對少數聽眾的情況下，都可以輕鬆自在的態度向對方進行簡報；一旦面臨人數眾多的場合時，就會顯得緊張不已，影響臨場表現。

這也難怪，畢竟當眾人的目光都集中在自己身上時，這種壓力是很大的。進行簡報時，如果不能以自信、堅定的眼神面對聽眾，反倒是怯生生地東張西望，很容易會失去聽眾對你的信賴。

但如果只是盯著某個定點看的話，又顯得太過生硬、不自然。

因此，**每當與某人進行完目光接觸，並在說完一句話後，就要把視線移到下一位聽眾身上。這樣的動作不僅自然，也給人優雅的印象。**

這就是所謂的「一人一句法則」。

當視線進行Z字形移動時，下列幾點事項也請務必注意：

一、每當與某人進行目光接觸後，請停留一個呼吸，再將目光移到下個人身上。

二、目光交接時，請記得面帶微笑。如果視線移開得太快，反而會讓對方誤解，對你心生不滿。

三、如果聽眾人數太多，就不一定要與每位都做目光接觸，只要看著兩、三位聽眾的中間那位即可。

至於目光接觸的時間，每次大約停留十秒~十五秒就可以了。

一般人通常每十五秒就會說完一句話。

不過再怎麼說，這些都只是通則，提供參考。

如果你真的是很容易怯場的人，也可在聽眾當中找到一個會附和你的人，一開始就先看著那個人說話，等到緊張的情緒稍微緩和下來，再進行Z字形的視線移動即可。

人心掌握術❷　間接說服

面對難以應付的對象，請與他的祕書、朋友建立關係

所謂「射人先射馬」，有時利用間接接觸，反而更能節省勞力與成本。

當對方是個不易受影響，或是很難應付的人，借助「第三者」的力量，可以讓談判過程變得比較順利。

比方說，如果對方的祕書具有相當影響力，只要和他建立好關係，不僅能夠事先知道對方的行程，還能從他口中掌握關鍵消息，像是目前心情好壞等等。

或者重要客戶的孫子有蒐集國外郵票的嗜好，也可以帶些郵票給對方，「我以前有集郵的習慣，不過最近已經改玩別的了」，這麼說就不會讓對方產生「接受賄賂」的負擔，自然能安心收下你的禮物。

即使對方內心仍舊感到不妥，但是「想讓孫子開心」的念頭可能會影響他的行為。

有時候，間接送禮物給當事人的太太或小孩，或許會比直接送給他本人的效果來得

更好喔！

如果評估後，發現直接說服對方的效果可能不佳時，不妨和他身旁親近的人，譬如祕書或家人等保持良好關係，透過這些人的幫助，反而會讓事情進展得更加順利。

儘管現今普遍被認為是「靠關係」的社會，**但人脈愈廣，也代表商機愈廣，就某種意義來說，確實是如此沒錯**。

從一些心理學的實驗得知，**比起直接說服，人們比較容易接受間接說服**。因為**間接說服**比較不具強迫性，當事者很容易就能接受他人的說法。

當談判陷入僵局、困境，有時請託第三者來協助裁決、調停，會比直接與當事者談判，更能有效、快速地解決問題。

人心掌握術 ❸ 討好技巧

與其討好上司，不如親切對待下屬

到底要討好上司還是下屬？相信多數人都會傾向拍上司馬屁吧！然而，比起討好上司，對下屬親切更能得到好評。

荷蘭的心理學家路斯．馮克博士，讓一群大學生閱讀五篇關於假想人物「保羅」的假定描述。

文章中提到，保羅是位中階主管，也敘述了他的二十項日常生活內容。其中除了正面描述，也有負面的。

他請這群大學生在讀完之後，針對保羅的好感度進行評分。

結果發現，對保羅印象最差的，是

對於「討好」的看法

對保羅的設定	好感度（滿分7分）
❶ 所有的描述都是負面的	2.33
❷ 對上司是正面的，對下屬是負面的	2.08
❸ 對上司、下屬的態度正、負面各半	3.73
❹ 對上司是負面的，對下屬是正面的	4.45
❺ 所有的描述都是正面的	6.00

（出處：Vonk, R.）

讀了設定二的學生，也就是認為保羅是位討好上司，但苛刻對待下屬的人。

由此可見，「一味討好上司」的作法是絕對行不通的。

與其只會討好上司，倒不如上司與下屬兩邊都不要討好還比較好。

另一方面，透過實驗也發現，**就算對上司採取堅定的反抗態度，但只要對待下屬態度親切的話，仍舊可以贏得相當程度的好感。**

對上司、下屬兩方都親切的人當然會受到好評，但如果做不到兩面討好的話，就請讓下屬開心吧！

討好技巧　有效讚美

「讚美」是讓對方心情變好的有效技巧

容易被人討厭者，一定是不會讚美他人的人。換句話說，能夠由衷讚美他人者，絕對不會被人討厭。

阿肯色州立大學（Arkansas State University）的行銷學教授卡馬爾修・庫瑪與北德州大學（University of North Texas）的麥可・貝爾林，從各企業中挑選七百一十六名上班族，並以他們為對象，進行下列調查：「為了**討好上司**，你會做出什麼努力？」

結果發現，上班族經常用下列三種行為來「討好」上司：

①**相同意見**；

②**親切的行為**；

③**讚美**。

被你討好的人肯定會喜歡你，因為沒有人不喜歡被稱讚，或被親切地對待。

即使對方嘴巴上說：「你不用拍馬屁了啦！」但心裡一定想著：「這傢伙還真會

討好上司的方法

❶ 相同意見

「我和〇〇的意見一樣」、「哎呀，我也有同感」、「確實是如此沒錯」……

❷ 親切的行為

逢年過節的送禮，工作方面主動幫忙……

❸ 讚美

「真不愧是～」、「連這麼小的細節都能注意到」……

給人好印象的討好方法

第一名 就算上司說了不好笑的笑話，也要發自內心笑出來

第二名 上司覺得自豪的性格或擁有的東西，都要誇張地讚美

第三名 讓上司知道他是多麼受到他人的喜愛

第四名 幫助上司找到好的住處或是好的保險

第五名 努力尋找適合讚美上司的機會

（出處：Kumar, K. & Beyerlein, M.）

有機會加薪的討好方法

- 與老闆穿相同西裝
- 與老闆擁有相同嗜好
- 對於老闆的興趣抱持好奇心
- 向老闆請益
- 在老闆面前認真工作

（出處：Gould, S. & Penley, L. E.）

說話。」

此外，庫瑪與貝爾林還從明顯給予好印象的「**討好**」行為中，找出五種效果最佳的作法，如前頁所示。

針對討好上司的作法，德州州立大學（Texas State University）商學系的山姆．葛爾德博士與拉．潘瑞博士，利用電話簿調查八百家公司的五千名受試者，也發現本章節圖表所列的五種行為有助於「加薪」。

「讚美」是討好人心非常強而有力的技巧。

被讚美的人雖然知道這是場面話，卻不會心生厭惡。

甚至可以說，愈能打從心底讚美對方「你真的非常了不起」的人，就愈能成功討好上司。

心理小講座 ……… **1**

無論男女，
外表都會影響成功與收入

美國匹茲堡大學的艾連·佛里茲，在讓許多人看過七百三十七名學生的畢業照之後，先請他們針對這些學生的面貌做出評分，再根據這些評分結果，對照這七百三十七名學生畢業五年後的年收入。

結果發現，得到五分的英俊男性年收入，比起只得一分的男性，要多出一萬美元以上；也比得到四分的男性，多出五千二百美元以上。

女性方面，得到五分的美女年收入，比起只得二分的女性，也多出四千二百美元。由此可見，愈有魅力的人，其收入也會愈高。

類似研究還有美國喬治亞大學的迪基·布萊恩特，他曾針對「面貌」與「成功」的關係進行調查。

布萊恩特運用一百二十九名學生的相片，調查畢業十二年後的成就。但這裡的成功與否，是由學生自己評估。

結果發現，在成功的重要因素中，面貌的比率占有 27%。當然，其他七成仍是由面貌以外的條件所決定的。不過光是外表就占有三成，這樣的影響力實在不容小覷。

面貌 VS. 收入

英俊（滿分5分）	與獲得1分者之收入比較
獲得5分的男性	（年收入）多1萬美元以上
獲得4分的男性	（年收入）多5,200美元以上

（出處：Frieze, I. H., et al. 製作）

心理小講座……… **2**

心智訓練
有可能增加收入

想像力 VS. 收入

想像力（滿分5分）		收入
3.18	高	6970加幣
2.09	一般	5600加幣
1.20	低	4700加幣

（出處：Roberts, D. S. & MacDonald, B. E.製作）

在加拿大康克迪亞大學教授心理學的丹尼爾·羅伯茲與布蘭達·麥當勞，針對「想像力」與「收入」的關係進行調查。

內容如下。比方說，觀察受試者能否根據「森林」二字，想像出茂密蓊鬱的林木、穿透樹隙灑下的陽光，或是輕拂而過的微風等，藉此分析想像力的強弱與收入的關係。

受試者共有三百六十八人，以滿分五分為標準，評估受試者腦中能否浮現鮮明的想像畫面。

至於收入方面，則分為高收入的前 10%、低收入的後 10%，以及介於兩者之間等三類。

結果發現，塑造能力、想像力愈強的人，在職場上的創造力也愈高。而這樣的結果，也會反應在他們的收入上。

想像力可以透過心智訓練來提升。說到「森林」，腦中會出現什麼樣的畫面呢？想像自己實際地走在森林裡，試著鉅細靡遺地描繪出腦中景象。

只要不斷重複這樣的訓練、培養天馬行空想像的習慣，不知不覺中，你的想像力就會愈來愈強。

Chapter

2

秒懂
看穿對方心思

瞬間判斷的心理技巧

心理學上有種「瞬間判斷」的技巧，可以讓人瞬間看穿對方的真心。
只要透過一些「線索」，就能掌握對方性格、腦中想法，以及行為模式等。
這個心理技巧對人際關係的經營也相當有幫助。
本章將具體說明如何實踐這些技巧，
只要懂得有效運用，就能在顧及對方想法的情況下做好應對。
想建立良好的人際關係，這是必備的心理技巧。

掌握性格 1 談話解析

從說話語氣判斷對方的個性

想要了解對方內心的想法，除了注意說話時的用字遣詞外，也要留意對方說話時的語氣，這些都是很重要的。

只要留意對方說話時的用字遣詞、聲音大小、語氣強弱等微妙變化，就能讓你在接收訊息之外，還能正確讀取對方內心真正的想法。

如果只有單純聽進說話內容，而忽略對方流露在肢體、語調上的情緒變化，是無法真正了解對方內心的。

虛構「說話內容」很容易，但要偽裝自己的聲音、語調卻很困難。只要了解到這點，就能輕易判讀對方內心真正的想法。

請參考本章節的表格彙整。

如果能從說話語氣來探究對方的內心，相信你對人類的觀察力也會瞬間提高許多。

若能看出對方到底是敷衍，還是虛假，才不至於被耍得團團轉。

自我意識太強

權力導向

自戀狂

這麼一來，即使是在談判等重要場合，也都能夠順利進行了。

順帶一提，**判斷對方時，請盡可能以客觀、中立的態度進行**。很多時候，面對討厭的人，我們會為了證明自己的想法正確，而千方百計試圖找出對方的負面線索。

如果這麼做只是想證明自己最初的想法是對的話，好比「看吧！你果然是個討人厭的傢伙」，那還不如不要做任何判斷比較好。

此外，當自己的情緒受到影響而內心出現動搖時，很容易會根據既有的印象做出判斷，這點也請務必注意。

從說話方式判斷心理狀態

喋喋不休	這種人能從說話中得到滿足，具有強烈的自戀傾向。
愛傳八卦消息	這種人會因為自己處在劣勢，所以希望藉由說他人壞話，將他人一起拖下水。
愛挖他人隱私	這種人的內心缺乏安全感，時常處在提心吊膽、戰戰兢兢的不安狀態。
不了解的事，也愛裝出一副很懂的樣子	這種人很容易瞧不起別人。儘管自己不懂或沒興趣，也愛表現出一副知識分子的樣子。
拐彎抹角地說話	這種人缺乏決斷力，討厭把事情鬧大，重視體面。具有保守特質，易傾向維持現狀。
喜歡竊竊私語	這種人很容易害羞。雖然表面上不見得看得出來，但內心時常感到憤怒、不滿。
沉默寡言	這種人可能是極度害羞，也可能是自我意識過強。對於不熟識的人，或是新的想法等，都不太願意敞開心胸面對。
說話無力	如果是女性，屬於擅長交際、情緒化的人。 如果是男性，則屬於沒有明顯特色的人。
說話語氣平淡	無論男性或女性，只要說話時沒有抑揚頓挫，多半是冷漠或畏縮的人。
說話時給人自傲的感覺	無論男性或女性，多半是會背叛他人、無法相信他人的人。
以緊張、高亢的聲音說話	男性的話：①經常打架；②個性固執。 女性的話：①容易亢奮；②理解力強。
說話快速	無論男性或女性，不但善於社交，且個性爽朗，多半給人活潑朝氣的印象。

總是以強勢態度來陳述意見	①這種人的意見不值得聽信。 ②內心可能隱瞞某些事情。會說「肯定是」的人，自己可能也察覺犯下某些錯誤。
內容抽象，不夠具體	面對他人提問，做出抽象回答的人，具有強烈「自我辯護」的傾向。
向某人提問，但不等對方回覆又自行補充說明	①對自己的回答沒有信心。 ②可能是在說謊。 ③ 非常在意對方的反應。
不明確回答Yes或No	①對問題感到困惑，或產生不愉快的情緒。 ②自己心裡也沒有明確答案。 ③ 缺乏積極性、對自己的想法沒有信心。
會對簡單問題做出誇張反應	①喜歡彰顯自己。 ②對自己的發言內容沒有感覺（連自己都不太相信）。
說話前段強勢，最後又以疑問句作結	雖然語氣強烈，但連自己都感到質疑。
每次發言都像官方說法一樣工整	這種人多半不會理會他人發言，只是計畫性地唸著自己的台詞而已。
與人交談流於形式	這種人絕不會將自己的真心話透露給他人。警戒心強，具有強烈的精神官能症傾向。
容易吐露自己的內心話	這種人期待與他人相處融洽，期待他人能了解自己、喜歡自己。
說話前後一致性高	這種人極少與他人意見同調，總是堅持自己的想法。
多使用第一人稱	這種人因為自我意識太強，很容易心臟病突發。由於自我主張強烈，所以無法接受他人的想法。
對任何事情，都持反對的態度或意見	不想與他人商量，經常處在權勢的壓迫下。

掌握性格 2 關鍵字分析

從口頭禪洞悉對方內心想法

注意對方說話時，是否在一分鐘內，至少出現三、四次的某個特定詞彙（口頭禪），藉此判斷對方內心真正的想法。

口頭禪很容易出現在對話開頭、轉折處、形容詞以及動詞等四個地方。不同類型的人，**口頭禪**出現的地方也不太一樣。**請仔細聆聽對方說話的內容，留意是否在一分鐘內，至少重複出現三、四次的詞彙，這就是所謂的「口頭禪」**。

雖然部分口頭禪在字面上有些許微妙不同，但就意義上來看卻是一樣的。譬如「絕對」、「確實」、「百分之百」等等，就可以視為相同的**口頭禪**。請參考本章節整理的圖表。

此外，有些人習慣將時下流行的用語掛在嘴邊，但與其說這是他的**口頭禪**，倒不如說這種人很容易跟隨流行，具有喜歡與他人同步的個性。

還有一點就是，**口頭禪**不會只有一個。

比方說，「嗯，說到那份企劃書，看起來似乎不太容易了解。」在這句話中，就有「嗯」、「說到」、「看起來似乎」這三個**口頭禪**。

面對這種情況，就要先一個個仔細分析，再就整體評論。唯有這樣，才能精確地做出判斷。

順帶一提，**口頭禪不僅可以用來判斷他人內心，也能用來判斷自己內在的想法**。

平時我們不會注意自己的說話內容，但如果你是常把「只是」、「總之」等掛在嘴邊的人，代表你應該也是個自尊心強大的人。

不妨找個機會，比如下次公司開會時，錄下自己的說話內容，這樣就能客觀檢視自己的說話方式了。

從口頭禪分析深層心理狀態

太～過於
會刻意拖長「太」字的人，屬於重度缺乏安全感，容易聽信他人的人。

大概
會說「我大概了解了」的人，是不會輕易改變自己主張的。

那個
說話時，總是喜歡加上「那個」二字的人，屬於膽小、內向的性格。

也可以啦
有時會像事不關己般地冷言冷語。這是屬於模稜兩可、八面玲瓏的個性。

想不到
常說「想不到」的人，容易帶有既定觀念或偏見。

恐怕
謹守世俗規範的人。

從各方面來看
舉止有禮、待人和善。平時看似溫和，但一生起氣來就很恐怖。

這是最
總是會說「這是最～」的人，屬於追求秩序、欠缺通融、一絲不苟的人。

雖然我是這麼說過，不過
內心感覺空洞，未被滿足，但正逐漸獲得解決。

嗯（語氣不明確）
對自己的發言內容沒有信心，高度依賴他人的人。

所謂的
這種人有神經質傾向。

結果
會刻意拉長「結」字發音的人，性格偏向衝動。外表看似拘謹，但有時也會大膽行動。

一定
個性活潑，對任何事都抱持熱情。

可是（猶疑）
神經質且固執。

反過來說
這種人的自我表現欲望強烈。團體中，喜歡處在核心地位。

完全
帶有強硬的自我主張，欠缺協調性。

抱歉
希望與人保持圓融的人際關係，內心存有自卑感。

那麼
注重秩序，一板一眼，缺乏幽默感的人。

絕對
個性衝動，容易動怒。

必定
個性上容易情緒化。類似的口頭禪還有「無論如何」、「絕對」。

我想你也知道
容易以自己的認知、理解做出解釋。表面看似遵從他人想法，實則未必。

非～常
性格好勝且愛逞強。

然後
有類似「做完那個，然後再做這個……」這種口頭禪的人，雖較活躍，但性急。

雖然如此
保守，只能做出理所當然的判斷。

其實啊
個性怯懦、杞人憂天。無論做什麼都無法得到滿足。

可是（搶話）
性格中帶有女性特質。有時任性且衝動。

那
「那，當時」像這樣省略「麼」字的人，思考較具彈性。

總之
沒耐性。事情如果不立刻做出結論，就會不舒服。

等等！
比起工作上獲得肯定，這種人更重視過程中的錯誤，以及鬆懈的時候。

可是
這種人的個性極為保守，只會遵守既有規則。

或者說
反應遲鈍，容易對事情著迷。這也是一些說話經常拐彎抹角的人的口頭禪。

沒什麼
以自己的步調為主。不僅自尊心強，有時也愛講道理。

總之一句話
愛講道理。自尊心強，無法容忍他人言語重傷。

反正
內心自卑，情緒變化快速，且不易與人相處。自我表現欲望強烈，若他人對他表示認同，就會極為高興。

所以呀
性格上有獨斷傾向，容易孩子氣。

也就是
這種人習慣以邏輯理解事物，屬於獨善其身的類型。

對！
「對！就是這種感覺」像這樣會脫口說出「對！」的人，不僅固執，對事物也容易熱衷、投入。

「特」別
會加重「特」字的人，具有衝動、易怒，且無法壓抑自己情緒的性格。

只不過
自尊心強，容易瞧不起人。

總覺得
習慣說「總覺得好累」的人，屬於愛撒嬌的性格。自主性低，容易對事物感到厭煩。

十分地
性格上，遇到事情容易誇大。只要遭遇一點挫折，就垂頭喪氣；只要得到些許成功，就興高采烈。

簡單來說
屬於腦中不時充滿著各種想法的人。

哎呀
屬於愛撒嬌的性格，也是容易依賴他人的人。

原來如此
不聽他人說話的人，經常會有這個口頭禪。

倒不如說
這種人雖懂得轉換想法及態度，但也欠缺自主性。

正是
個性單純，但潛在具有固執的性格。

好啦好啦
「好」字雖是正面，但「好啦好啦」卻是負面，代表內心有不好應付的部分。

還比較
競爭心強。無法被人視為笨蛋。

果然
個性自我且任性。容易沉醉在自己的話當中。

大家
容易依賴他人，非常在意他人的看法。欠缺獨立自主的個性，容易粉飾太平。

好像～喔
就像稚齡孩童的口頭禪，任性。

掌握性格❸分類操控術1

說服年長者時，一定要重視他們的「自尊心」

「先讚美，再操控」會讓人聯想是上司操控下屬的權利。不過，這個技巧若用在年長者身上，更能發揮效果。

一般來說，年紀愈大，內心愈不容易動搖。年長者所累積的經驗與知識，比年輕人豐富許多；**相較於操控自己，操控年長者更不容易**。

以美國新墨西哥大學馬利．哈利斯博士為首的研究團隊做了一項實驗。

內容是說服年齡介於十四歲至八十一歲，單獨上街購物的九十一名男性以及一百一十八名女性，接受複雜的

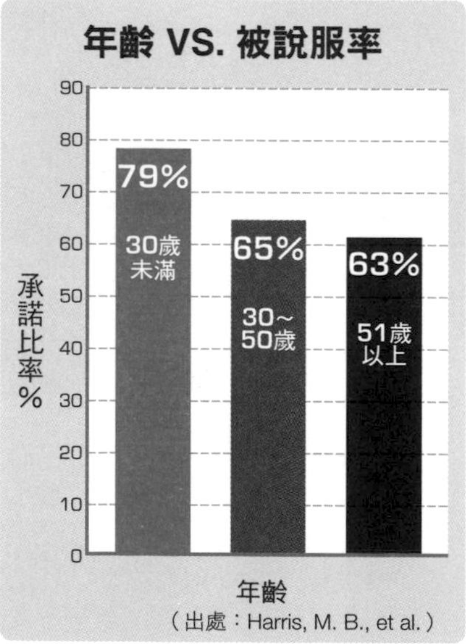

（出處：Harris, M. B., et al.）

問卷調查。

結果如圖表所示，年長者確實有難被說服的傾向。

想要說服年長者，最有效的方法，就是重視他們的「自尊心」。

年紀愈大，自尊心有愈強的傾向。因此面對年長者時，只要關照他們的自尊心，讓他們感到滿足的話，就很容易成功。

當然，你也不能盲目、直白地稱讚他們，否則很容易被看穿！一定要發自內心的讚美，才能真正打動他們。

掌握性格④分類操控術2

面對競爭型的人，請以柔情攻勢說服對方

面對競爭型的人，千萬不能採取強硬態度，否則很容易遭到拒絕。想要操控這類人，請盡可能採取柔情攻勢。

美國邁阿密大學（University of Miami）的心理學家查爾斯·卡爾弗博士找來在心理測驗中，被評斷為具競爭性格的三十七人，以及被評斷為具悠哉性格的五十人，參加一項「說服」實驗。

過程中，請這兩組不同性格的受試者，分別聽取語氣柔和的說服內容，以及語氣強硬的說服內容。

訊息的說服力

柔性的訊息	說服前的想法	說服後的想法	想法的變化
競爭性格小組	6.78	7.06	+0.28
悠哉性格小組	6.58	6.89	+0.31
強烈的訊息	**說服前的想法**	**說服後的想法**	**想法的變化**
競爭性格小組	6.47	6.00	-0.47
悠哉性格小組	6.42	6.75	+0.33

※「想法的變化」為＋時，代表想法朝被說服方向改變的程度。

（出處：Carver, C. S.）

結果發現，對悠哉性格的人來說，無論採取何種語氣，都很容易被打動，進而接受對方的意見。

然而對競爭性格者來說，只有柔性勸說才能發揮效果。如果硬是以強勢語氣勸說的話，說不定會改站在相反立場。

面對競爭性格的人，不能用「結論式」的方法勸說，而是要運用「暗示」的技巧來說服。

比方說，「可能還有別的看法，但我認為，您的想法應該是比較妥當的。」類似這樣，以謙遜的態度與這類型人溝通，比較容易產生效果。

如果想要削弱對方的競爭心，就要假裝自己的立場薄弱。

「我也知道這樣做不對……」只要這麼說，就能緩和當下緊繃的氣氛，對方也會比較願意聽你把話說完。

依類別應對 1 女性

操控難應付女性的五種對話技巧

儘管都是女性，也有各種不同類型之分。請參考本篇介紹的各類型女性心理狀態，做出可以打動她們的銷售應對吧！

「明明男性顧客我都可以應付得很好，可是不知道為什麼，只要遇到女性顧客我就沒轍！」這是許多男性銷售員都有的困擾。

其實，每個人都有自己擅長應對的客群；面對不同的人時，應對方式多少會有差異。很多男性銷售員都存有一種迷思，認為「女性顧客就是要交給女性銷售員才好」。

然而，並不是男性銷售員就無法銷售產品給女性顧客，只是做得到的人非常稀少。如果真有心要改善，就請先拋開「我對女性顧客沒轍」的想法，這點非常重要。

但說歸說，要真正做到「改變想法」並不容易。

在此，我想提供一些可以快速銷售產品給女性顧客的技巧。

本章節表格中，我將女性大致分為五種類型，並針對不同類型的女性，詳列銷售上

針對女性顧客的銷售技巧

深層心理	銷售重點	成功的對話範例
追求名牌的女性		
●自尊心強 ●愛逞強	●操控她的自尊心 ●一面與其他商品比較，一面推銷自家商品	「〇〇很具質感，設計也很穩重，一直是我們的熱銷商品。」 「目前還尚未在市面大量流行呢！」
只穿簡單服裝的女性		
●強烈的自卑感 ●以身為現代都會女性的想法自居 ●內心有某種衝突	●稱讚對方的美感 ●強調對方是都會型女子	「其實您本身已經具備美感了，所以不管選擇哪個，都不會有問題。」 「這個產品是特別推薦給具都會風格的人的！」
經常變換髮型的女性		
●優柔寡斷 ●不信任自己 ●容易受到身旁人們影響	●使用斷定的說法 ●清楚說出自己的想法	「這個產品一定要推薦給您！」 「您不買一定會後悔！」
喜歡提托特包的女性		
●開放 ●擁有自由的想法	●具有不被常識束縛的特點 ●強調嶄新、新鮮的特色	「現在正在進行明年新款的預購活動！」 「這不太適合保守的人，但您卻很適合這件喔！」
體態豐腴的女性		
●有否定自己的傾向 ●想要改變自己	●可以成為不一樣的自己 ●打破自己原有的樣貌	「這件產品光是放在您的房間，整個氣氛就完全改變了。」 「可以展現不同的感覺！」

的應對技巧。

表格中，第一欄標題由左至右分別為「深層心理」、「銷售重點」、「成功的對話範例」。尤其在「成功的對話範例」中所使用的技巧，某種程度也可以運用在男性顧客身上。

不同類型的人各自有他脆弱的部分，而這部分也是影響「深層心理」的重要因素。所以，只要能夠看出這點並加以運用，不管對誰都能順利展開銷售的。

許多成功的人都懂得活用這樣的讀心術，但請記得，**根據不同客群的特性來改變銷售話術**也是很重要的。

依類別應對 2 愛說話

操控愛說話者的四項技巧

如果對方是個愛說話的人，那麼你只需做到靜靜聆聽就好。只要你表現出感興趣的樣子，即使沒有做出回應，對方也會感到滿足。

在人際關係的經營裡，「**傾聽**」占了一半。

因此，只要學會「**傾聽**」的技巧，自然就能維持良好的人際關係。

一般談到「**傾聽**」二字，多半會與「聽話者接收說話者訊息」這樣的行為連結，但這種想法並不正確。

「傾聽」其實是一種給予說話者「心理報酬」的行為。

根據美國伊利諾州立大學蘇珊・史普瑞秋博士的說法，只要靜靜聆聽對方說話，就會讓對方興起一股「想再與你見面」的念頭，而這就是所謂的「**積極聆聽**」（Active Listening）。

雖然這是心理諮商時的常見作法，卻能運用在日常工作中，或是所有的人際關係上。

仔細聆聽對方說話，不僅會讓對方感到安心、自尊心得到滿足，同時也是肯定對方存在的一種表現。

相反地，如果一直打斷對方說話，或是對方跟你打招呼也不回應，這會讓對方的自尊心受損，產生不安全感，彷彿自己的存在遭到你的否定。

那麼，到底要怎麼做才能成為良好的傾聽者呢？

我們從心理學的角度來看，有下列四項技巧：

①不要無端改變話題

他人說話時，請避免用「不過啊」、「對！對！我跟你說」等來改變話題，因為這是剝奪他人發言權利的無禮表現。為了成為傾聽高手，絕對不要擅自改變對方的話題。

②不要打斷對方說話

「啊，那件事我已經知道了啦！」如果聽到有人這麼對自己說，相信不管是誰，都不會想再繼續說下去。「傾聽」是接受對方行為的表現，所以千萬不要隨便打斷他人。

③不要過度簡化表達方式

A：「不知道能不能順利完成這次的簡報……」

B：「放心啦，一定沒問題的！」

像這種輕鬆為對方打氣的行為，乍看之下似乎是種肯定對方的表示，但其實是沒有意識到對方內在不安情緒的表現。

④不要帶給對方壓力

「你的重點在哪裡？」

「所以你的意思是……」

像這樣逼迫說話的一方，會讓說話的人因為緊張而感到無比壓力。

所以，請不要催促對方說話。

只要謹守上述四項技巧，不管是誰都能成為傾聽高手喔！

操控愛說話的人的四項技巧

1. 不要無端改變話題
2. 不要打斷對方說話
3. 不要過度簡化表達方式
4. 不要帶給對方壓力

依類別應對 ❸ 缺乏安全感

讓「缺乏安全感」的人敞開心房

想讓缺乏安全感的人敞開心房，只能將你的誠意，透過時間來讓他慢慢感受。總之，請用保護新生兒的心態與這些人相處。

「每次別人要我做什麼，我都只能乖乖照做……」

「每次與人談判後，都有種受騙上當的感覺……」

「基本上，我是那種無法打從心裡相信別人的人！」

上述這些情況，在心理學上稱為「**焦慮性神經症**」（Anxiety Neurosis）。

愈是符合下表所列項目的人，患有

判斷缺乏安全感者的重點

1. 給人憂鬱、內心不平的感覺
2. 隱約感到恐懼
3. 神經質
4. 失眠、經常做惡夢
5. 手心時常出汗
6. 無端感到不安

「**焦慮性神經症**」的可能性就愈高。

伊利諾州立大學的卡連．葛斯帕指出，「內心愈是不安的人，其防禦心就愈強」。

內心不安的人對於所有想要說服自己的內容，總是提心吊膽，無法敞開心胸接納這些意見。特別是一些會威脅自己存在的理由，更會提高他們的防禦心。

這類型的人，極度害怕遭人欺騙或傷害。

因此，**如果想讓缺乏安全感的人敞開心胸，只能透過時間與他慢慢相處，讓他逐漸感受你的誠意**。

記住，**一定要遵守約定，並且展現自己的誠意**。

依類別應對 4 體重

說服程度會因對方「體重」而異

只要看到對方的身材，就能對「說服結果」做出某種程度的預測。科學資料已經證實「體重」與「被說服程度」的相關性。

美國洛克菲勒大學（Rockefeller University）由大衛・格拉斯教授等人所組成的實驗團隊，對「體重」與「被說服程度」的假設關係感到相當有興趣，於是著手進行一項假設的科學性實驗。

他們集合一群年齡介於十六歲至二十五歲的受試者，其中男性六十五人、女性五十一人，並依照體重拆分成三組。

體重 VS. 被說服程度

受試者的體重（受試者人數）	被說服的得分數（標準誤差）
肥胖組（受試者44）	10.00（3.98）
標準組（受試者39）	7.56（3.91）
纖瘦組（受試者33）	9.55（2.97）

※被說服的得分數是根據測驗結果所計算出來。分數愈高，代表愈容易被說服。

（出處：Glass, D. C., et al.）

以平均體重為標準，將低於平均體重六%～二十%的人歸為「纖瘦組」；介於平均體重負二%～九%的人，歸為「標準組」。至於超過平均體重十四%～四十%的人，則歸為「肥胖組」。

結果如表格所示，**肥胖者較纖瘦者容易被說服**。**而且，體重愈標準者，愈有難被說服的傾向。**

教授們分析之所以會如此，是因為體型肥胖的人及纖瘦的人，對於自己的想法多半沒有自信，所以很容易受到他人意見的影響。

此外，一些業務績效好的銷售員，也不約而同地表示：「身材中廣的主婦們，比較願意聽我說話！」這正好與上述實驗結果相互印證。

依類別應對 5 看穿謊言

看穿他人謊言的技巧

能夠看穿對方謊言，在心理上就已經位居優勢，因為你已掌握對方本意，自然不會被牽著走。「看穿謊言」也能在商場、職場上立下大功。

人是會說謊的。

英國樸茨茅斯大學（University of Portsmouth）的心理學教授阿爾答特．布里吉博士，在一天之內與十個人進行討論。

結果發現，竟有一半的人都在說謊。

心理學上，有關「**發現謊言**」的主題，已經累積許多研

看穿他人謊言的技巧

- 說謊的人手部不會有動作
- 說謊的人容易說錯話
- 內向的人說謊時會吞吞吐吐
- 對話的間隔拉長
- 容易發生欲言又止的情況
- 無法看著對方的眼睛說話
- 點頭附和的次數變少
- 瞳孔變得比平常更大
- 身體姿勢變少，顯得僵硬
- 如果說得比平時快且流暢，代表那是「計畫性謊言」

究。重點如圖表所列，這是因為人們在捏造謊言時，一定會洩漏一些蛛絲馬跡。

不妨把自己當成一個知名偵探，在腦中不斷提醒自己要留意對方的「表情如何」、「聲音如何」，默默地觀察對方的行為。

再完美的謊言，也會留下一些線索。只要留心觀察，看穿對方的謊言，就不會因為對方的集中攻勢而被任意擺布了。

依類別應對 6 走路方式

從對方「走路方式」洞悉性格與特質

每個人走路的方式各有特色。只要留意對方的步調、姿勢、步伐等，就能看出其性格及特質，並且運用在商場上。

美國心理學家G．I．尼連堡博士相信，只要參考下列線索，就能判斷走路者的性格及其特質。

① 雙手大幅擺動快步走

這類人屬於目標取向。

做事明快，為了結果會不惜一切，努力爭取。同時也會去考取一些與工作無關的證照或學習語言等，相當勤奮。

② 將手插在口袋走路

這類人多半乖僻，且帶有批判性格。

喜歡挑人毛病，任何細微缺點都逃不過他們的眼睛。

此外，他們也是現實主義者，不喜歡從事具有挑戰性的工作。「不變」是他們用來應萬變的行為準則。

③將手插在腰際間走路

這類人精於算計，討厭吃虧。

如果有目的地的話，他們會設法在最快的時間內，以最短的距離到達。品質、設計等並非他們在意的項目，「便宜」才是最高原則。

④雙手交叉背後低頭走路

這類人有煩惱時，會想辦法靠自己解決。

一般人處於低潮時，會出現這種走路方式。或是許多學者、藝術家在思考問題時，也會以這種方式走路。

⑤抬頭挺胸走路

這類人容易陶醉在自我滿足的心情中，是極為固執的人。

想要打動這些人，必須採取柔情攻勢，表現自己的弱點，像是哭泣或同情心等。

讀心術 ❶ 手部動作

從手部動作看出對方「YES」或「NO」

如果與不易判讀內心的對象商談時，「手勢」就是你的最大線索。只要熟知這些動作代表的意義，就能看出對方的真心。

掀起銷售技術大革命的美國人肯・戴爾馬（Ken Delmar），不可思議地只花了一百三十七美元就創辦一家公司。而且幾年後，他的年收入便已高達數十萬。他在《贏家行動》（*Winning Moves*，暫譯）一書中，提及利用**動作**來看穿對方內心的祕訣。

① 如果是「Yes」

- **雙手放鬆，非握緊雙拳**
- **雙手攤放在桌上**
- **整理桌上不用的東西**
- **搓摩著下巴**

如果對方出現上述**動作**，代表他對你的提案、說明感到滿意。這時你可以再大膽地

Yes
No

多施點力，合作極有可能就此談定。

②如果是「No」

- **握拳**
- **雙手放在大腿上，甚至張開手肘、雙手大拇指相勾**
- **雙手交叉放在頭後方**
- **玩弄手中的原子筆**
- **手指按著額頭正中央**
- **雙手托住下巴**
- **手指敲著桌面**

如果對方出現上述**動作**，代表他的心裡出現「我無法同意這個提案」、「別再說了」、「聽起來真不舒服」等想法。

如果不能察覺這些暗示還繼續說下去的話，最後極有可能宣告破局。倒不如趕緊轉移話題，或是擇日再討論還比較恰當。

讀心術 2 研判情緒

情緒與肢體動作的關連性

前面我們介紹的，都是如何從外在表現來評斷內心的狀態。本篇我們將介紹內心狀態會如何反應在外，而這也就是所謂的「逆向判斷」。

前面我們介紹了「從說話語氣判斷對方個性」（請參閱第二章掌握性格①）、「從口頭禪洞悉對方內心想法」（請參閱第二章掌握性格②）等，由對方外在身體特徵、習慣來研判其性格、內在心理狀態的技巧。

現在我會反過來介紹，當對方的內在情緒顯現在外時可能出現的動作，並加以統整、歸納，而這也就是所謂的「**逆向判斷**」。

藉由這樣的整理就能清楚看出，對方內在的「正面訊息」以及「負面訊息」是如何表現在外的。

此外，「瞬間判斷」最重要的一點，就是自己要對自己做出的結論，隨時保持彈性的態度。

千萬不要認為自己的判斷就一定是百分之百正確。

如果在與對方交往的過程，發現自己當初的判斷並不正確的話，一定要保留彈性，適時地修正原有的想法。

甚至，有時還會因此發現原先所沒有發現的線索呢！

當線索不一致時，請將焦點放在對方的行動上，而不要放在臉上。

因為，臉部神情及說話內容是可以靠「意識」控制的。

只要多留意對方在無意識狀態下所透露的信號，就能做出準確的判斷。

情緒與肢體動作的關連性	
情緒	**肢體動作**
有點生氣時	兩手插在腰間
感覺舒適時	雙手放在背後
腦中想著一堆事情時	手指或雙手不停打轉
半信半疑	以手指搔著後頸部
內心感到威脅或敵意時	突出下巴
內心感到恐懼時	收起下巴
內心帶著嘲諷心情時	單邊嘴角上揚，臉頰擠出皺紋
內心抱持期待時	揉捏手掌
「真的嗎！」、「真了不起！」（讚嘆）	捏臉頰
「來認真聽聽你想說什麼吧！」	兩手交疊
「你的話真有趣！」	上身向前傾
「我也有話想說！」	以手指輕觸嘴唇
「希望你能了解我的想法！」	雙手狀似擁抱地交叉
「等等，我不是很懂你的意思！」	嘴角兩端向下地撇嘴
「我對你的話題完全不感興趣！」	摩擦眼睛周圍
「住嘴！」、「我已經不想再聽了！」	摸耳朵、捏耳朵、撫摸耳朵
「別開口！」	以手指輕觸嘴唇
「不要抱怨！」	摸耳朵、捏耳朵、撫摸耳朵
「聽你說話就覺得頭暈！」	敲敲自己的額頭
「你這麼固執，真是傷腦筋！」	敲敲自己的額頭
「不能更直接一點說嗎？」	摸耳朵、捏耳朵、撫摸耳朵
「這很難」、「我做不來」	用手指擰住或搔著眉間
「我很討厭你！」	摸耳朵、捏耳朵、撫摸耳朵
「差不多該回去了」	上身向前彎曲
「好累喔！」	以手托腮
「真是無聊透頂！」	不停晃動翹起的一腳
搪塞或有事情隱瞞	摸摸鼻子
想把謊言正當化	搓揉眼睛周圍
溫和地脅迫	用食指指著對方的臉說話
溫和的不滿、厭惡感	皺鼻子
「真的非常抱歉」	咬著食指
感到優越	雙手交叉放在後腦
感覺進行得不順利	搓搓鼻子
進行不順利	摸摸喉嚨
想引起對方注意	整理頭髮
感覺興致勃勃	舔嘴唇
對性方面感興趣（男性對女性）	觸摸後頸部
「NO」	捏著左鼻翼或右鼻翼
「NO」	嘴角兩端向下地撇嘴
「NO」	聳肩

心理小講座 ……… **3**

家中老么具物質主義或浪費的傾向

東加州大學研究行銷的詹姆斯·傑瑪尼克博士，曾針對「出生順序」與「對金錢在意程度」的關係進行調查。

他以西南大學的二百七十五名畢業生為對象，這些受試者的年齡介於二十四歲至八十四歲之間，平均年齡則為三十八歲。

他列出「是否喜歡購買不需要的東西」、「是否喜歡購物」、「是否羨慕有錢人」等問題，請受試者就喜好程度，以滿分五分為判斷標準來回答「是」或「否」。

如果進一步將答案換算成數值會發現，家中排行老大者，得到二·六九分；排行中間者，得到二·七四分。至於排行老么者，則得到二·七八分。

雖然這三個數值的差距不大，不過可以看出老么對金錢的在意程度最強。

從心理學的角度來看，會在意金錢，就代表有物質主義的傾向。所以，家中的老么比較具有這種傾向，使用金錢會讓他感到快樂、覺得自己氣勢變強。

從事行銷相關工作的人，只要記住「老么喜歡花錢」這點，就能更加靈活操作行銷作為。

對金錢的在意程度

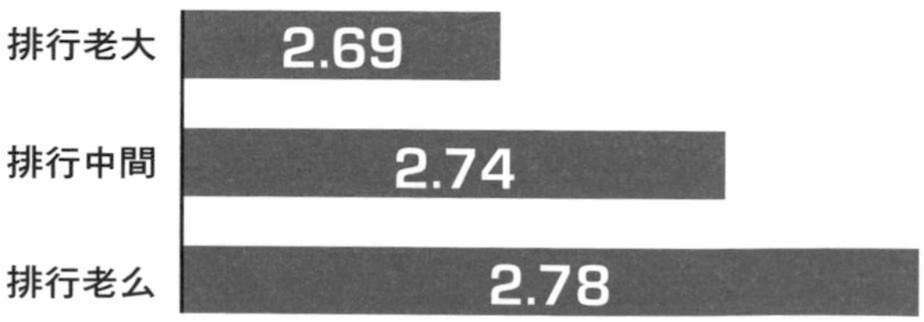

※滿分5分

（出處：Zemanek, J. E. Jr., et al.）

領導者容易採納
與自己相同的意見

美國紐約州立大學的組織學教授雷蒙·杭特，針對容易被採用的想法與建議，進行調查。

受試者是二百一十名領導者與經營者。

雷蒙·杭特教授先將這些受試者分成「直覺型」與「分析型」兩組，再提出「直覺型建議」與「分析型建議」給各組經營者。

結果如下表所示，直覺型經營者比較容易接受直覺型的建議；分析型經營者比較容易接受分析型的建議。

如果依照這個邏輯，我們也可以說，挑戰型的經營者比較容易接受挑戰型的建議。

因此，我們可以簡單得出一個結論，就是「經營者與領導者都比較容易接受和自己類似的想法或建議」。

套用到職場上，如果想要說服自己的主管，除了要先清楚主管的類型之外，也要記住，從心理學的角度來看，主管會傾向採納與自己相同的建議。

性格類型與採納意見的比率

建議的類別 \ 經營者類型	直覺型	分析型
直覺型	45.95%	13.21%
分析型	18.98%	56.60%

（出處：Hunt, R. G., et al.）

Chapter

3

讓對方
百分之百說「YES」

邏輯說服的心理技巧

想要打動他人,「邏輯」非常重要。
為了說服他人,必須運用模式、規則、法則等邏輯方法。
本章將以前輩、上司、後輩、客戶等為說服對象,
並根據科學實證的心理學邏輯,介紹成功說服他人的技巧。
「想要學會說服步驟」、「不擅長經營人際關係」、「增加說話氣勢」……
如果你有上述需求,請務必熟讀本章內容。

自我表現技巧 ❶ 介紹自己

能吸引對方注意的自我介紹

自我介紹時，如果只用「一般說法」簡單帶過，很難讓人對你感到興趣。一定要用「風格鮮明」的方式做介紹，藉此行銷自己。

「初次見面」的印象非常重要，所以剛開始一定要小心謹慎，避免在對方心裡留下不好的觀感。

《七秒行銷》一書作者伊凡．麥士那也在書中告訴讀者，「進行**自我介紹**時，不能只用一般說法來介紹自己」。

比方說，如果用「我是銀行員」來介紹的話，通常對方的反應會是「喔，這樣呀！」就結束，而且很快就會忘記你。

因為這樣的介紹太過平凡，很難讓人留下深刻印象。

但如果你的**自我介紹**是「我在銀行裡負責融資等相關業務，也協助許多人做好他們的理財規劃」，很快就能引起對方注意。不僅容易記住你這個人，也會被你的工作內容

我從事的是能
讓大家獲得幸
福的工作！
願聞其詳！

所吸引。

以我為例，由於「心理學家」本身就屬特殊職業，光是說出這個名稱，就能引起對方好奇。

不過我通常一定會再加上一句：「這是運用撼動他人內心法則，讓大家都能獲得幸福的工作。」只要這麼說，一定可以加深對方印象的。

自我介紹可說是決定後續關係的重要關鍵，也是第一個必須面臨的難關，所以絕對不能以草率的心態進行。

可惜一般人在進行自我介紹時，往往都有內容過短的傾向。

有可能是覺得以自信的姿態向他人介紹自己是件丟臉、害羞的事吧！但如果不去克服，就無法做好一個足以引起對方興趣的自我介紹。

自我表現技巧❷ 提升信賴感

「頻繁溝通」能讓彼此產生信賴感

人際關係的基礎在於「信任」。不管溝通內容為何，一定要多製造一些機會，這才是建立信賴感的最好方法。

德州大學（University of Texas）商學系的薩加・沙文佩教授與多羅西・雷德納教授透過網路，從全球二十八個國家裡，召集了三百五十位受試者，並且加以分組。

他們請各小組在企劃一個全新的專案後，就開始執行。四個星期後，再測量哪個小組的成員，對彼此的信賴感最高。

結果發現，郵件往來頻繁，且內容訊息寫得愈多的小組，不僅成員間的信賴感高，

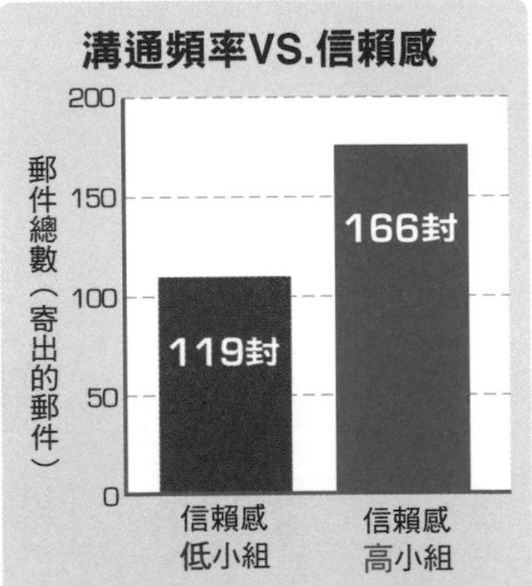

（出處：Jarvenpaa, S. L. & Leidner, D. E.）

字裡行間也充滿著融洽氣氛，像是「你真的幫了我一個大忙耶」、「沒問題，我們一定辦得到的」等。

另一方面，分析信賴感低的小組的往來信件也發現，很多內容都只有寫著「了解」等極為簡短的回話，或是「一定要去做喔」這種質疑或否定對方的內容。

想要得到他人的信賴，首先請與對方做好「頻繁溝通」，盡可能將溫馨訊息傳達給對方。只要這麼做的話，很容易就能取得對方對你的信任。

自我表現技巧 3 情緒感染法

想要對方開心，必須先讓自己開心

我們的情緒，很容易受到身旁朋友的影響。所以，「與人交往」的訣竅，就是要讓對方開心。想要做到這點的話，首先必須讓自己開心。

只要自己開心，對方也會感受到你開心的情緒，這就是所謂的「**心理感染效應**」。

美國南衛理公會大學（Southern Methodist University）的丹尼爾・懷特教授與查爾斯・肯古拉博士，找來平均年齡三十八歲的一百三十二名成年女性，並以兩人一組的方式，請她們針對一個以俄國中部鄉鎮名稱命名的工藝品「帕雷卡」進行對話。

測試者利用攝影機拍下她們當時對話的情形，藉此觀察受試者的情緒一致程度。

結果發現，當某位女性笑容滿面地說「帕雷卡真漂亮」時，也會影響另外一位女性因而喜歡上帕雷卡。

換句話說，**當你笑容滿面地說話時，對方也會感受到你當下正面的情緒**。

不知道大家有沒有過這種類似經驗，明明不是什麼好笑的內容，可是看到對方眉飛色舞地描述，我們也會不自覺跟著開心起來。

那是因為說話者的興奮情緒會感染聽話的一方，進而被說話內容吸引的緣故。

古希臘哲學家亞里斯多德也曾經說過：「**想要燃起對方的熱情，必須先燃起自己的熱情。**」這就是**心理感染效應**所帶來的效果。

經營人際關係的關鍵，在於自己必須先樂於與他人交往。

如果打從心裡排斥對方，不斷想著：「跟這個人說話真無聊！」或是「好痛苦喔！」也會讓對方產生相同的情緒。

為了避免這種情況發生，請不要帶著負面情緒，努力讓對方感受你的正面情緒吧！

自我表現技巧 ❹ 附和

善用「附和」引導對方說話

我們分析許多成功的業務員，發現他們都能做到「仔細聆聽對方說話」這一點。與其盲目地推銷，倒不如用「傾聽」來做為彼此成功對話的開端。

美國馬里蘭大學（University of Maryland）心理學系的亞隆・沃爾夫・席格瑪博士找來四十八位女學生，請她們接受一項模擬面試的實驗。

結果發現，**只要在聽人說話時，做出「附和」的回應，就能讓對方感受到你的「親切」**。

實驗過程中，面試官會對女學生提出問題，並在半數女學生回答時，刻意做出深

附和 VS. 親切度

※「親切度」是根據「親切－冷漠」、「有共鳴－無共鳴」、「具理解力－無理解力」、「友好－非友好」等四個項目所做出的評分，滿分為24分。（出處：Siegman, A. W.）

感興趣的表情，或是發出「嗯、嗯，然後呢？」來**附和**對方。但對另外半數女學生的回答，則不做出任何反應。

等到實驗結束後，再詢問女學生們對面試官的印象。

結果如圖表所示，女學生們對於會**附和**她們的面試官，都給予高度的評價。

只要一面**附和**，一面說：「接下來呢」、「然後呢」，就會讓說話的人感到開心，而想和你一直聊下去。

與其說傾聽是種「獲取資訊」的行為，倒不如說傾聽是「接受對方感情」的表現，也是一種極為人性化的行為。

只要有了這層認知，就能大大改變自己在聽人說話時的態度。

自我表現技巧 5 比喻

活用「比喻」操控對方內心

在人際溝通裡，「比喻」非常重要。如果想讓人際關係變得圓融，請務必活用「比喻」這項技巧。

基本上，懂得挑動人心的人，必定也是個「比喻達人」。因為他們知道，比喻可以提高說服效果，讓對方在心裡對你留下好印象。

比方說，與其直接誇讚對方「你的心算好快」，倒不如說「你真像是一台電腦」，更能讓他開心。

我曾看過某位知名理財專家在名片上印著「我是金錢『醫生』」，就是運用「比喻」來行銷自己專業的很好例證。往後只要有人遇到資產規劃方面的問題，很容易就會聯想到他，進而想託付這個人處理。

為什麼使用「比喻」就能加深他人的印象呢？

雖然詳細理由至今仍不清楚，但基本上，「比喻」具有下列三點好處：

①有助於理解資訊內容；

②讓情報資訊明確化；

③詳實表現情感。

比喻能夠將艱澀內容，以一種容易讓人理解的方式呈現。

而且，懂得運用**比喻**方式說明艱澀內容的人，代表他一定也能站在對方的立場設想，是個容易相處且親切的人。

再者，**比喻**也有將複雜問題「明確化」的效果。

比方說，繁雜的物理法則只要透過**比喻**說明後，就能產生條理清晰的畫面。這樣的經驗，相信大家在學生時期應該都經歷過吧！

最後，還有一點很重要的就是，**比喻**也有「詳實表現情感」的效果。**無論你想激怒對方、安慰對方，或是逗弄對方，比喻都是很有效的方法。**

對話技巧 讚美

文章及對話的最後，請以「讚美」結尾

不管在文章及對話中已出現過多少次讚美，最後一定要記得以正面、肯定的方式結束。如果以負面、否定的方式結束，會讓對方產生負面印象。

「雖然這次的專案難度很高，但如果是由部長負責的話，應該就沒問題！」

「如果是由部長負責的話，應該就沒問題，只是這次的專案似乎難度很高……」

前述兩種說法的內容完全一樣，差別只在於前後順序不同而已。可是在聆聽者耳裡，卻是完全不一樣的感受。

相較於前者的說法，後者似乎給人一種「站在門外看熱鬧」的嘲諷意味。

在這裡我們舉出了職場上經常使用的三個例子，試著讓各位讀者看看，到底哪種是比較好的說法，哪種又是比較差的說法。

同樣一件事，會因為說法不同，而給人天壤之別的印象。

表格中，即便描述者是同一個人，卻因為說法不同，使人對A、B、C三人產生不同的觀感，相當不可思議。

透過這些例子，我們可以清楚知道，在自己沒有察覺的情況下，如果不慎脫口說出不適切的話，是會讓人感到不舒服的。

而且，這些例子也可以提醒我們，**如果自己覺得是讚美，但聽的人卻不覺得愉快的話，問題很有可能是出在語句順序錯誤的關係上。**

說話順序 VS. 印象好壞

讚美？	讚美！
「A的工作能力很強，但卻是個討人厭的傢伙。」	「A是個討人厭的傢伙，但他的工作能力很強。」
「B的報告完成速度很快，但他總是粗心犯錯。」	「B總是粗心犯錯，但他報告完成的速度很快。」
「C的社交能力很強，但時常用錯敬語。」	「C時常用錯敬語，但他的社交能力很強。」

說服技巧 ❶ 強調好處

「清楚傳達重點」給對方的四種簡報技巧

進行簡報時，邏輯、架構以及氣氛的掌控都很重要。必須靈活運用這些技巧，將重點確實傳達給聽眾，才能真正打動他們。

基本上，可以用簡報成功說服他人的人，多半擅長運用下列四種技巧：

①以十五分鐘為段落

記住，「人類的注意力只能維持十五分鐘」。

一些擅長說服他人的人，每隔十五分鐘就會暫時轉換話題。

比方說，在一個設定為六十分鐘的產品說明會上，可以將時間區分為四段，每段十五分鐘，從四個不同角度來介紹產品的特性及重點。

想要成功說服對方，就請擬定十五分鐘策略吧！

②重點在一開始的內容

人類有個特性，就是會清楚記住最早看見、聽見的內容，這在社會心理學上稱為

「初始效應」（Primacy Effect）。

因此，如果能在一開始就說出自己的主張或重點，就能確實烙印在對方腦中。至於證明的論點或理由，等之後有機會再補充就可以了。

③使用關鍵字說話

愈是擅長說服的人，愈懂得把內容簡化成「關鍵字」來表達。比方說，日本前首相田中角榮就曾以「日本列島改造論」這幾個簡短文字，來代替「這是為了發展社會基礎建設，打造健全交通網所採取的政策」這冗長說明，深獲日本全國人民的支持。

運用簡單易懂的關鍵字，就能讓說明內容變得更加生動。

④說話要有抑揚頓挫

在歐美人士眼裡，總認為日本人的說話語調「既平淡且無趣」。儘管只是做些單純的內容說明，也應該注意輕重緩慢。重要部分要大聲強調，其他部分則一般帶過，藉此創造抑揚頓挫的語感，而非照本宣科地唸出自己背下的說明內容而已。

靠過來！
看過來！
重點
關鍵字
起承轉合
15分

說服技巧 ❷ 強調重點 1

說服他人時，鎖定單一重點就好

擅長說服的人，懂得在說服他人時，只鎖定單一重點說明。至於其他重點，之後再找機會說明就好。

想要說服他人時，與其「這個……」、「那個……」牽扯一堆，倒不如只針對一個重點說明還比較有效。

「我想強調的只有一點，就是……」只要你這麼一說，對方通常會豎耳傾聽的。

如果重要的事情只有一項，對方也會比較集中注意力聆聽。

德國海德堡大學（Ruprecht-Karls-Universität Heidelberg）的心理學家麥可．萬科博士，以

重點數量 VS. 評價

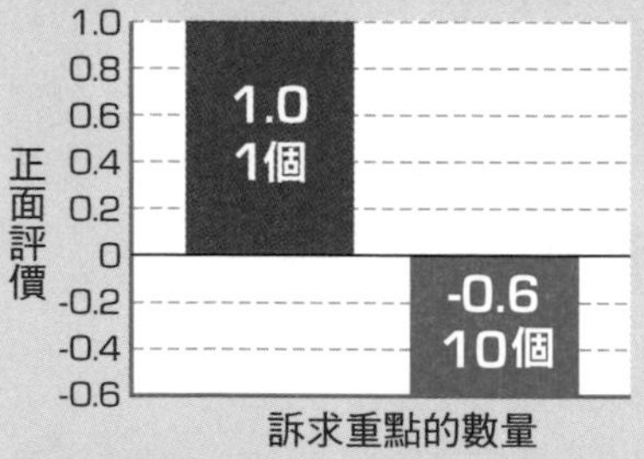

※數值的判定，若是「非常喜歡」＋3分；若是「完全不喜歡」則－3分。

（出處：Wanke, M., et al.）

ＢＭＷ的宣傳廣告為題材，進行一項實驗。

首先，他準備了兩支廣告，其中一支廣告只有一個宣傳重點，另一支廣告則有十個宣傳重點，並請一百六十位受試者在看過廣告後，給予評價。

結果發現，相較於多達十個宣傳重點的廣告，只有一個宣傳重點的廣告明顯比較受到歡迎。

順帶一提，在有關「廣告印象」的調查裡，我們也發現，**如果只有一個宣傳重點的話，會比較容易讓人記住**。

所以，**若想讓對方留下深刻印象，一次只要鎖定一個重點即可**。

至於，到底該鎖定哪個重點來說明比較好呢？

我會建議你先把所有的主張或論點列出，之後再從中挑選最重要的一項即可，其他部分就能斷然捨棄。

說服技巧 ❸ 強調重點 2

說服力道的強弱，取決於「質」而不在「量」

想要說服對方，一定得整理說話內容，盡可能以簡單扼要的方式表現才行。說明過程切忌冗長，必須在短時間內決定勝負。

就生理層面來看，人們喜歡「短篇訊息」勝於「長篇訊息」。

美國佛羅里達州東北部杰克森維爾州立大學（Jacksonville State University）的心理學家史蒂芬・碧古德博士與德納爾德・派特森博士，便透過科學實驗來證明這個論點。

他們將展示埃及木乃伊用的說明標籤，做各種文字長度的變化。

首先，他們貼上一個長達一百五十字的

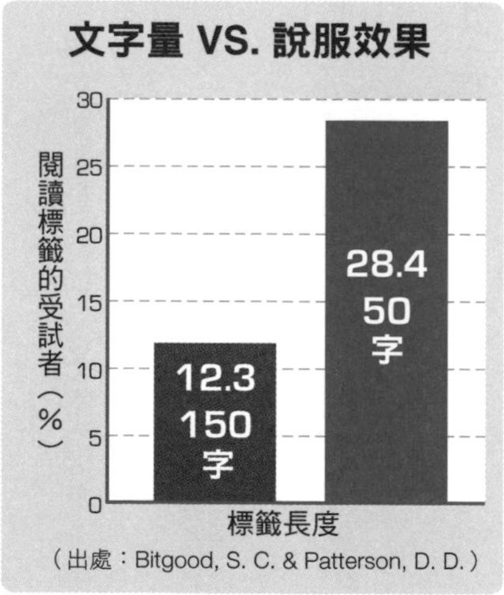

（出處：Bitgood, S. C. & Patterson, D. D.）

標籤，並用錄影機錄下參觀民眾的反應。

結果發現，幾乎沒有人會停下腳步仔細閱讀。但如果將說明文字縮減至五十字的話，停下閱讀的人數便增加了兩倍。

只要精簡資訊內容，就能挑起人們「想看」的欲望。

由此可見，當你真想影響或說服別人時，不妨先問問自己：「如果我把想說的話再精簡一半，結果會是如何？」、「我想說的話裡面，是否有多餘或不必要的部分？」、「如果只能用一句話表達的話，我該怎麼說呢？」類似這樣，進行自主性的自問自答練習也是很重要的。

說服技巧 ❹ 事先讚美

拜託他人前，請「先讚美」

有事拜託他人前，請先讚美對方，讓他的心情感到愉悅。只要抬高對方的自尊心，即使是稍微過分的要求，也有可能得到對方的承諾。

德國曼漢姆大學（Universität Mannheim）以心理學家格爾德·波納博士為首的研究團隊提出：「有事拜託他人前，一定要先讚美對方。這麼一來，對方就會產生愉悅的心情，提高聽你說話的意願。」

波納博士的研究團隊，利用一項巧妙實驗來驗證這個說法的科學性。

他們佯稱要幫一群大學生進行智力測驗，接著隨機選出其中半數的學生，積極給予讚美：「從測驗結果看來，你的能力真的非常好，相當了不起！」但卻對另外半數的學生語帶諷刺地說：「你只答對了十四%，根本算不上是有能力的人。」

以為測驗結束的學生們來到走廊上，又被波納博士事先安排的女子搭話，希望這些學生能夠給予協助。

其實，這個實驗的真正目的是想了解，當這位女子有事拜託時，有多少學生會答應她的要求。

結果發現，受到讚美的學生中，高達九十一%的人願意接受請託，而另外被批評到一文不值的學生裡，只有七十二%的人願意幫助這位女子。

由此可見，受到讚美的學生在面對沒有直接關係的女子請託時，答應的比率最高。

所以，如果你想說服或請求他人協助時，請先大大讚揚對方，接著再說：「其實有件事想請您幫忙……」這樣會比直接拜託來得更加有效喔！

說服技巧 5 提升信賴感

贏得他人信賴的七種對話技巧

只要能得到對方的信任，之後不管是要說服，還是影響對方就很容易。反之，如果對方對你心存懷疑，那麼想要說服他就不是件容易的事。

美國奧勒岡州波特蘭州立大學（Portland State University）的行銷學教授哈蒙・羅伯特博士，與亞利桑那州立大學（Arizona State University）的肯尼斯・柯尼博士，曾以兩百位上班族為對象，進行一項「信賴」實驗。

實驗內容是安排兩個人來介紹想要轉手賣出的電腦優點。介

提升信賴感的說話技巧

- 盡可能低聲說話
- 擁有專業知識（證照、資格等）
- 不與對方爭辯
- 說話時，看著對方眼睛
- 傾聽對方說話的同時，也要慢慢附和對方
- 培養幽默感
- 避免情緒化

紹內容完全相同，差別只在於其中一人值得信賴，另一人無法信任。

結果發現，**當值得信賴的人向人詢問「是否願意買下電腦」時，竟可以激起對方強烈的「購買欲望」**。

所以，如果想要提升自己在他人心中的信賴感，請參考表格所列的七種說話技巧。這些技巧都已經過心理學家證實，不妨平時多加練習。

信賴感的建立並非一朝一夕，必須耗費一段時間培養才做得到；可是失去信賴感卻有可能只是一瞬間的事，不得不慎。

切記，只要大聲責備對方一次或是失信一次，對方對你的信賴感就會瞬間歸零。

柔性訴求　自然的說服力

以柔性態度表達自己的想法

很多人都存有錯誤觀念，認為「有說服力的人，就是有魄力的人」。其實，有說服力的人，是總會記得照顧他人的人。

物理學裡有所謂的「作用．反作用法則」，而這項法則也同樣適用在人類心理上。比方說，如果你想用**蠻橫**、**強硬**的態度來逼迫對方妥協的話，對方也會產生相同程度的反抗力量，結果當然還是無法改變。

馬里蘭大學的心理學家亞里沙．S．瓊斯博士與查爾斯．J．格爾蘇博士透過實驗證實，**光是態度強硬，就會讓人覺得討厭**。

他們讓一百五十位大學生觀看女性諮商師與人諮詢時的場景。諮商師的諮詢口吻共有兩種：一種是急下結論，並以果斷、強硬的語氣說話；另一種是不急著下結論，並以柔和的語氣說話。

實際對話內容如下：

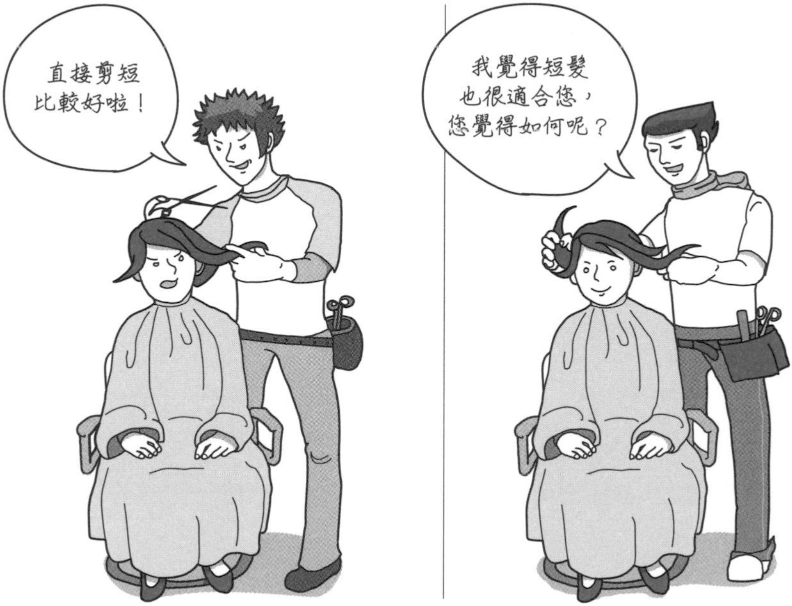
直接剪短
比較好啦！
我覺得短髮
也很適合您，
您覺得如何呢？

●語氣柔軟的諮商師

「聽完您的描述後，我的想法是……」

「關於剛才我說的內容，不知您的想法如何呢？」

●語氣強硬的諮商師

「你說的我都很清楚，我就直接告訴你問題在哪裡吧！」

「你一定是患了○○這種精神疾病，沒有錯的！」

看完後，請學生針對諮商師的表現給予評分。

結果發現，語氣強硬的諮商師得到許多負面評價，因此被貼上「不溫柔」的標籤。

由此可見，**態度強硬**只會招來反效果而已。

所以，**如果想要影響對方，請選在對方心情好的時候，並且盡可能以溫和語氣溝通才行。**

各類型說服技巧 1 掌握類別

掌握五種不易被說服的個性

這世上有些人的確是比較不容易受影響。但不管哪種人，一定還是存在著容易被打動的部分。請先找出對方的弱點，再試著說服對方吧！

即使你想盡辦法試圖說服對方，但有些人的眉頭還是連皺也不皺一下。

美國心理學家古拉吉菲爾德教授，將**不易受到他人影響**的性格，區分成下列五種類型，並加以說明。

「**缺乏童心的性格**」可說是成熟大人的表現，但這類人不易受到他人言語的影響，無論聽到什麼笑話，也不輕易發笑。

發言時，總是秉持理性的態度，並以邏輯方式來觀察事情，冷靜判斷眼前的事物，想要說服他們並不容易。

如果真想說服他們，建議同樣採取「**理性**」的態度，提供詳實資料或數據證明，盡可能不要加入自己的意見，就能提高成功機率。

「**過度自信的性格**」具有強烈的自戀傾向。與這類人相處時，絕對不能傷害他們的自尊心，也不可以強硬態度試圖說服他們。

若想要影響他們，建議採取「**奉承**」的方式，積極給予讚美或褒揚。

「**固執且看重權威的性格**」，很難做到讓這類人打從一開始就聽進別人的建議，或是接納他人的意見。

如果想影響他們，可以針對他們「**看重權威**」的特點，**表示是由某個位高權重的人士所提供的資料**，就是非常有效的作法。

「**不追求社會認同的性格**」這樣的說法或許不太容易理解，換個說法，也可以說這類人「不會希望得到他人的讚美」。

對多數人來說，都有希望得到他人讚美的「社會性需求」；但事實上，也的確存在少數人沒有這樣的欲望。

無論你如何吹捧，也只是徒勞無功，因為他們不會因此就感到開心或滿足。

若想影響他們，建議可以直接**給予金錢方面的好處，或是招待美食等「物質」手段**，應該就能打動他們。

「**智能優異的性格**」如同字面所示，這類人擁有高知識水準，可以廣納各方訊息。

所以不管你提出什麼想法，他們總是能做出反擊。

如果要影響他們，可以想見，必定淪於一番苦戰。但可以對他們說：「您的見識這麼廣，應該能夠理解我們的想法吧？」

藉由這樣的說法，**讓他們來揣測我們的意見和主張，就能大幅提高成功的機率。**

不易受他人影響的五種類型

1. 缺乏童心
2. 過度自信
3. 固執且看重權威
4. 不追求社會認同
5. 智能優異

（出處：Crutchfield, R. S.製作）

各類型說服技巧 ❷ 軟硬兼施

打動不易被說服者的四種技巧

如果客戶沒啥反應，對談論議題不感興趣的話，可以運用心理技巧來吸引他們的注意。本篇提供四種有效突破僵局的方法。

無論怎麼說服都無法影響對方時，請參考下列四項技巧：

①當談判陷入僵局或對方興趣缺缺時，採取「時間壓力」策略

美國談判研究家卡內貝爾博士等人指出，當雙方陷入膠著時，採取「時間壓力」策略就是非常有效的作法。

比方說，「我想再十分鐘，今天的談判就到此結束吧！」類似這種，可以促使對方積極思考問題。

②即使採取進攻策略也無所獲時，乾脆雙方暫停，採取「冷卻期」策略

「停止所有談判行動」是由《談判行為》作者普路特博士所提出。

與其讓談判過程處於白熱化階段，導致雙方關係僵持不下，不如想辦法讓彼此暫時冷靜下來。

③委由第三方介入，採取「調停角色」策略

當雙方勢均力敵、彼此都不願意妥協時，如果沒有積極做出處置，很有可能讓談判因而破裂。

在這種情況下，最好委由第三方處理。這麼一來，就能在不傷害彼此的情況下，順利突破僵局。

④在締結之前，不斷「確認重點」策略

談判有時會在最後階段破局。

人們一旦陷入情緒化，很容易忘記談判的最初原由及利害關係。

所以，如果想要避免這種情況發生，請在對方頭腦冷靜時，重複確認談判初衷，以及彼此共同的利害關係。

各類型說服技巧③降低警戒

面對先入為主觀念強的人，請運用「兩段式說服技巧」

一些帶有先入為主觀念或極端偏見的人，很難接受他人的說服。面對這類人時，必須先找到彼此的共同點，等降低他的戒心後，再進行說服。

美國耶魯大學（Yale University）的心理學教授諾曼・米勒，為八百名高中生進行**先入為主觀念**與**偏見**的性格測驗，試圖了解學生在聽完演說前、後的想法改變程度。

結果如圖表所示，**先入為主觀念**愈強的人，愈不容易被說服。

如果想要影響這類人，首先必須從「與他們想法一致的點」來切入，藉此

對已有「偏見」的說服效果

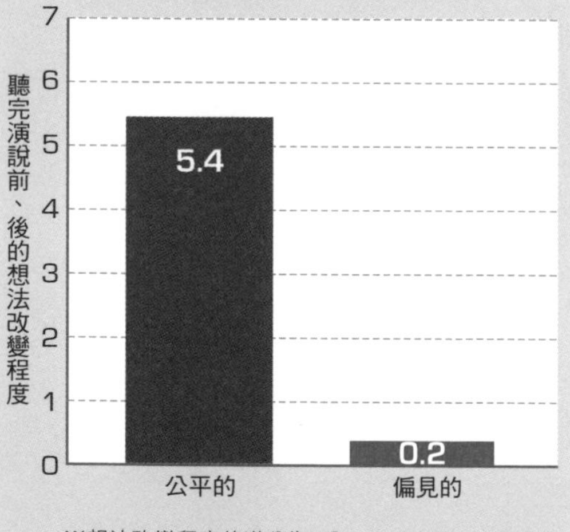

※想法改變程度的滿分為7分。（出處：Miller, N.）

降低他們的警戒心，之後才能順利進入主題。

原則上，面對一些**先入為主觀念強的人，我會建議採取「兩段式說服技巧」**，這麼做比較容易提高成功的機率。

假使真找不到彼此的共通點，也要盡可能表現出親密的樣子來與他們說話，以好朋友的口吻給予建議，這也是很有效果的。

各類型說服技巧 ❹ 表現積極

想要說服主管，請展現積極的態度

說服主管時，請盡可能將自己的想法，以積極方式表現出來。即使訊息內容差別不大，但積極表現與消極表現，卻會帶給對方完全不一樣的感受。

美國克里夫蘭大學（Cleveland University）管理學系的肯尼斯・杜尼岡博士曾進行一項實驗，他以下列兩種問話方式來詢問對方：「你是否同意追加這個專案的預算？」

●**表現積極**

「目前進行中的計畫，一半裡有三成是成功的！」

●**表現消極**

「目前進行中的計畫，一半裡有兩成是失敗的！」

「表現積極」的說服效果

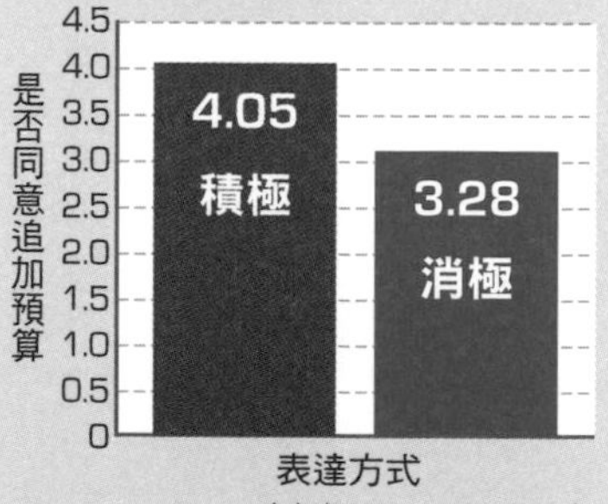

（出處：Dunegan, K. J.）

結果如圖所示，雖然前述兩種說法的成功機率都是六十%，但「積極表現」會帶來正面效果，對決策者來說，也比較樂於追加預算。

對一般人來說，「順耳」一詞所代表的，或許就是「能否給人感受到**積極**」的這層涵義吧！

因此，**如果想要說服主管的話，請盡可能表現出積極的態度與內容，一定會為你帶來不錯的效果**。

有時之所以會被主管否決，問題很可能是出在你的表達方式不正確也說不定。

只要你能展現**積極**，也會為主管帶來好的結果的想像，進而被你影響。

各類型說服技巧 ❺ 提出事實

說服時毋須冗言，只要「提出事實」即可

光是「提出事實」就足以影響他人。只要避免用「說教」的方式陳述，相信主管也會敞開心胸，接受你的意見，而不是覺得自己竟然被你說服了。

美國奧勒岡州波特蘭州立大學公共政策研究所的理查・卡徹夫博士與亨利・米希瑪博士，花了兩個星期時間，觀察學生收發室裡的紙類回收情形。

從結果來看，在沒有任何標示或宣導的情況下，似乎沒有人會自發性地回收紙類。

於是實驗開始。

從下個星期開始，博士們在收發室裡豎起一個看板，上面僅寫著：「昨天只回收了這些紙張」，並沒有寫上「希望大家做好回收工作」等宣導字

「提出事實」的說服效果

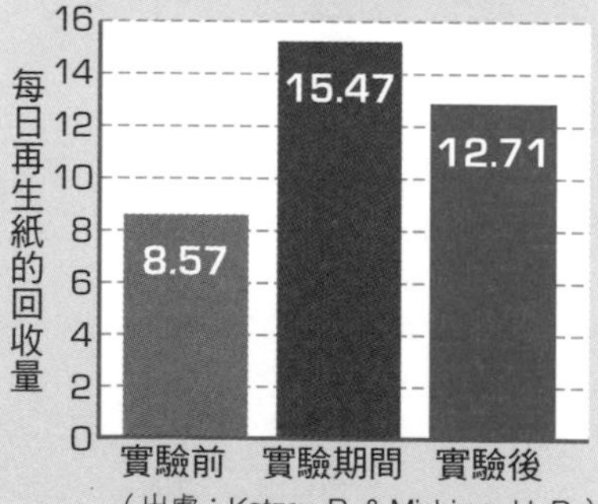

（出處：Katzev, R. & Mishima, H. R.）

樣，始終只有**提出事實**而已。

沒想到，學生們竟然開始有人帶頭回收紙類。

一星期後，博士撤下看板，結果再生紙的回收情況又恢復到原來的樣子。

由此可知，**如果想要說服他人或主管，但又不想讓對方覺得自己是「被說服」的話，只要「提出事實」就可以了**。

因為，強硬式的說服是絕對不會成功的。

一旦主管表示願意聽你的想法時，就應該以積極的態度進行陳述。

願意聽取他人意見的主管，一定也是個胸襟寬大、落落大方的人。這時如果採用積極的方式說服，一定可以收到良好效果。

成功說服　反覆提醒

比起一次「大說服」，一百次「小說服」更能打動對方

若想要說服主管，與其集中精神做一次性「大說服」，不如重複無數次的「小說服」會更具效果。因為這麼做，可以降低說服對象的心理負擔。

如同「滴水穿石」這句成語所說的，雖然一滴雨的力量有限，但若能重複無數次相同動作的話，再堅硬的石頭也會被穿透出一個洞的。

這個道理也適用在心理上。

面對再固執的主管，如果能施以無數次小說服的話，相信總有一天，他一定會願意敞開心胸，聽取你的意見的。

要是把所有機會都賭在一次談話上，一旦失敗，就會對內心造成巨大衝擊。「我的想法明明就沒有錯……」而且這樣的懊惱也會不斷在內心翻覆，讓你愈來愈討厭主管。

如果不想落入這種情況，請輕鬆看待「說服」這件事，將你的作戰策略改為無數次的**小說服吧！**

關於上次說的那件事……
上次講的那件事……
昨天我提的那件事……
日前我說的那件事……

針對前述論點，美國俄亥俄州立大學（Ohio State University）的李・麥可羅教授與湯姆士・奧斯托羅教授，經由實驗研究，提出「光是單純做到重複說服，也會讓影響力逐漸發酵」這樣的說法。

實驗如下。

他們製作刮鬍後的收斂水廣告，並將受試者分成只看一次、二次、三次、四次、五次等五組。看完後，再對受試者進行觀感測試。

結果發現，受試者雖然觀看的都是同一支廣告，重複觀看多次之後，態度會逐漸趨向正面。

光是「重複灌輸到對方腦中」這個動作，就能產生很強的效果。儘管立論薄弱，只要不斷說給對方聽，自然就會提高說服的成效。

順帶一提，重複**小說服**時，別忘了要一點一點地釋出足以證明的證據喔！

運用「視覺效果」來提高說服力

附有相片的海報效果

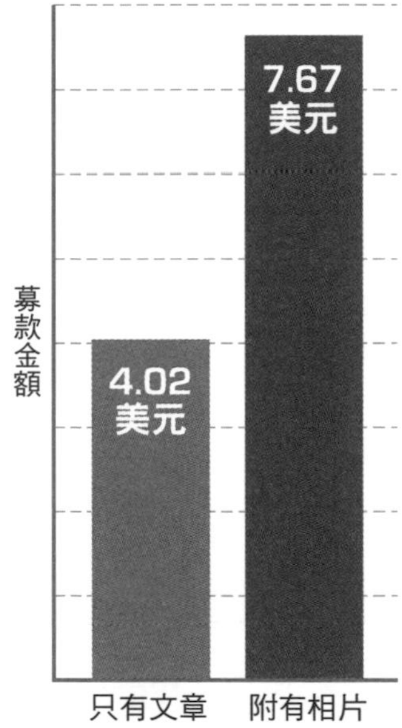

（出處：Perrine, R. M. & Heather, S.製作）

東肯塔基大學的蘿絲·貝林博士，針對「視覺因素能否提升說服力」這個論點進行調查。

她在肯塔基州麥迪遜郡設置五十個據點，希望替遭人們遺棄幼犬的結紮手術進行募款。

貝林博士準備兩只募款箱。一只募款箱上貼著「平均每年約有X隻幼犬遭到遺棄」的說明，藉此呼籲大眾踴躍捐款，結果一天募得四·〇二美元。

另外一只箱子上僅貼著幼犬的彩色照片，結果一天竟募得七·六七美元。

由此實驗得知，「張貼照片與否」會大大影響募款金額的多寡。可見，「視覺效果」真的很容易達到說服目的。

同樣地，工作上進行簡報時，也應該善用視覺效果，盡可能以實體樣品展示，或是將資料化為圖表。不僅對外如此，對內會議也可多加應用。

想要說服對方，光靠言語是不夠的。如果能提供讓人親眼可見的物品，會更有說服力。

心理小講座………6

「面對面」能展現強烈的存在感

即使是在同一辦公室工作的同事，有些人似乎很難給人留下深刻印象。偶爾談起這些人，甚至還會有人疑惑：「他是誰呀？有這個人嗎？」這就是所謂的「缺乏存在感」。

而這樣的人，是無法成為領導者的。

如果想要展現自己的「存在感」，就要盡可能養成與對方「面對面」說話的習慣，也就是要好好地站在對方面前說話。

此外，心理學家克里斯蒂先做出「透過不同媒體，展現的存在感不同」這樣的假設後，再進一步嘗試驗證。

受試者是三十位上班族，每六人一組，共分為五組。在這個實驗中，她讓各組分別使用不同媒介，針對紐約州與康乃狄克州的商業問題，進行討論。

結果如下圖所示，相較之下，還是以面對面討論的效果最好。

聰明的領導者會特意前往客戶或交易對象的所在地，讓對方產生「你還特意前來」的感謝之意，這樣就能更加凸顯你的存在。

當然，也別忘了要與對方面對面地坐著說話，這才是正確的談話方式。

不同媒體展現存在感的程度

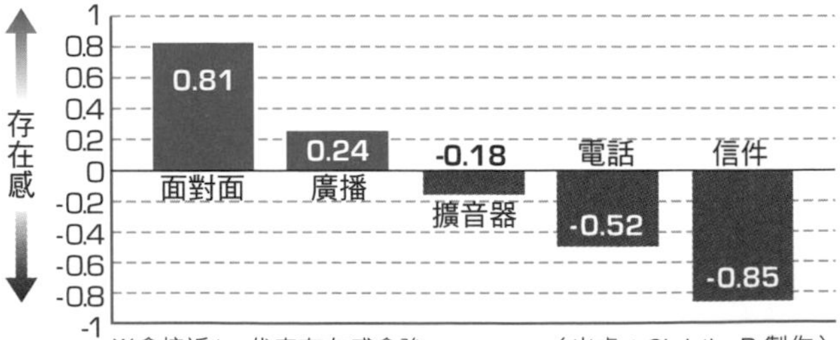

※愈接近1，代表存在感愈強。　（出處：Christie, B.製作）

Chapter

4

人人有機會成為領袖

領導者的心理技巧

成為一位領導者，與成為一位藝術家或學者不同！
因為，成為藝術家或學者需要某種天賦遺傳，
或是具備某些特殊才能。
但成為一位領導者幾乎不用任何特殊才能，
只要了解一些「心理技巧」，並實際運用即可。
這麼一來，任何人都有機會可以成為發揮領導能力的人。

領導者的天賦 ❶ 領導條件 1

領導者必須具備的「智力」

領導者必須具備哪些條件？儘管「企圖心」和「積極性」都很重要，但最不可欠缺的，其實是「頭腦好」這個因素，也就是所謂的「智力」。

美國艾克朗大學（The University of Akron）心理學教授羅伯特・羅德的實驗團隊，曾針對「性格」與「領導者」的關連，進行深入調查。

他們從一些科學研究的雜誌中，收集所有關於領導者的文獻，並得出以下結論。**領導者的反應靈敏，不管對誰都能侃侃而談，而且話題內容都相當生動有趣。如果進一步探究會發現，領導者對任何事物的理解度都很高，具有強烈的積極性格。面對新事物的挑戰，也會努力克服、完成。**

唯有這樣的人，才適合做為一位真正的領導者。

當然，以上描述的只是「理想」。現實生活中，並沒有人可以完全具備上述所有特質，這點請大家放心。

應該是餓了吧！
可能需要被稱讚吧！
可能需要加油打氣吧！
可能需要別人的建議吧！
待會約他們一起去喝酒好了……

順帶一提，羅德教授所指的「頭腦好」，並非一般人會直接聯想到的高等學歷，而是指「**頭腦靈活**、**反應快速**」的意思。

畢竟學歷再高，若領悟力差，無法快速理解他人的意思，總要人一而再、再而三地重複說明的話，是不適合擔任領導者的。

同樣道理，即使學歷不高，卻能立即察覺對方心思，搶在他人行動之前動作的話，就是適合擔任領導者的人才。

萬一現階段自認是「**腦筋遲鈍**、**反應慢**」的人也不用擔心，因為這些是可以透過後天訓練得到改善的。

領導者的天賦 ❷ 領導條件 2

「組織風氣」與「領導力」的關連

「公司風氣」與「領導者」之間，必定存在著某種相適性，否則組織將無法順利運作。但是，什麼樣的組織需要什麼樣的領導者呢？

從心理學的角度來看，我們可以把**公司風氣**約略分成「**權威性**」、「**平等性**」、「**獨裁性**」這三種類型。

而這三種類型各自有其優缺點，整理歸納後，請參考本章節表格所示。

一般來說，權威性組織，如AT&T、P&G以及福特汽車等，比較傾向「避免接受新的冒險」，認為只要遵循既有且穩定的制式經營，就不會有什麼大問題。

身為權威性組織的領導者，**如果公司本身已經具備某種程度的企業文化、傳統、派系與名聲的話，基本上只要依循這樣的風氣即可**。

其次，平等性組織多半存在於所謂的IT（Information Technology）產業中，像是美國英特爾（Intel）、惠普（HP）等公司就屬此類。

這類型組織的風氣比較適合**民主型領導者**。原則上，一旦有事情發生，「眾人共同討論後，再做決定」就是最好的作法。

至於獨裁性組織，則多半出現在**獨行俠式的快速成長企業**，而且大概只能維持一代左右。

一旦世代交替後，就會轉變成權威性組織的風氣。

組織風氣的三種模式

	權威的	平等的	獨裁的
意見決定	依權威者所下命令	討論與同意	個人命令
管理方法	規則、報酬、罰則	集體、互相	臨機應變
權力擁有者	居高位者	「眾人」的想法	「高層」的想法
公司目標	服從	意見一致	自我實現
應該避免的事	違反規則、冒險	意見分歧	不忠誠
公司內部關係	根據地位產生階級差別	平等	自律性
人際關係	組織性	集體取向	個人取向

（出處：摘自於Warren Bennis與Burt Nanus合著的《領導者》一書）

領導者的天賦 3 領導條件 3

愈是乏味的工作，愈要採取「民主式領導」

領導者的工作不是只有下命令而已。當工作內容乏味無趣時，應該要讓員工以他們喜歡的方式進行。

心理學上，會將習慣用命令操控他人的領導者稱為「**指導型領導者**」。

當然，也有領導者會仔細聆聽下屬說話，這種人就稱為「**民主型領導者**」。

當工作內容偏向有趣、開心的時候，就比較適合「指導型領導者」。

因為，不管這時領導者下了什麼命令，下屬們都能樂在工作中。

但如果工作內容偏向枯燥、乏味的話，就不適

工作趣味度 VS. 工作評比

	工作的有趣程度		
領導者類型	非常有趣	普通	非常無聊
指導型	23.42	13.36	24.67
民主型	16.76	5.29	34.73

（出處：Show, M. E. & Blum, J. M.）

合了。因為工作本身已經夠無聊了，如果還有人在旁邊說這說那的話，只會讓他們更加厭煩而不願服從。

換句話說，領導者愈是喜歡下達強烈命令，愈會讓下屬因為反感而失去幹勁。如果不想讓下屬產生「被指使」的不滿情緒，或想讓下屬體認到「這其實是自己選擇的工作」的話，還是不要隨意下達強硬指令會比較好。

上述論點已經由美國佛羅里達大學（University of Florida）心理學家馬賓・蕭，以及邁克・布魯姆的實驗得到證實。

領導者的天賦 4 領導類型

「受下屬喜愛」與「獲得好評」的領導者不同

「指導型領導者」與「民主型領導者」各有長處。但就「領導風格」來看，還是「指導型領導者」的評價較高。

職場上，願意傾聽下屬心聲的「民主型領導者」確實比較受到歡迎。

可是另一方面，這類人通常也會被批評為魄力不夠，或是領導力不足。

美國西北大學（Northwestern University）的心理學家蘭達爾・彼得森博士，曾透過一項「確實控制」的實驗，來測量「**領導風範**」，希望藉此比較「指導型領導者」與「民主型領導

領導者類型 VS. 下屬評價

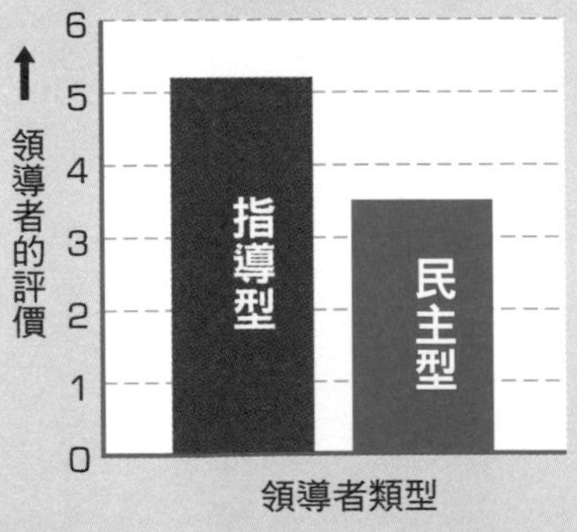

※此處是關於領導者「效率性」的評價。

（出處：Peterson, R. S.）

者」的差異。

從圖表可以清楚發現，在一般人心裡，認為不斷下達命令的「指導型領導者」，比起願意傾聽下屬意見的「民主型領導者」，更具領導風範。

如果我們將「領導者」定義為「可以影響他人者」的話，那麼相較於「民主型領導者」，不斷下達指令的「指導型領導者」似乎更符合這個定義。

近來社會上，有愈來愈多主管會因為在意下屬臉色，而每天過得膽戰心驚。

可是從心理學的角度來看，要想發揮領導力的話，「發出嚴格命令」是可以達到不錯效果的。

如果只是一味配合下屬、希望討好下屬的話，到頭來很可能還會被下屬質疑你的領導能力呢！

領導者的天賦 5 培育領導者

優秀領導者的養成訓練

以「領導研究」聞名的卡西歐佩博士，曾經發表關於「有效培養領導者」的論文。我們從中得知，有效的「領導者育成法」確實是存在的。

在一流企業所採用的**領導者培育課程**中，下列訓練已被認定具有效果。

①讓下屬擁有明確的作戰動機

「如果是你，會如何經營這家公司？」

透過類似問題，試著讓員工能從社長的角度思考。如果從年輕時就被要求「以經營者的立場思考」的話，久而久之，自然就能培養出領導的才能。

②讓下屬養成設定目標的習慣

「要讓下屬做到何種程度？」

「明年的營業額預估會達到多少？」

如果不培養設定目標的習慣，就無法成為領導者。即使業績如期成長，也要做出

「萬一沒有達成目標」的假設，試想可能造成失敗的原因。

③盡可能妥善經營人際關係

懂得「經營人際關係」也是領導者的重要課題之一。

具體來說，就是要加強「說話方式」、「行為舉止」的訓練。

此外，培養如同演員般的演技也是必要的。

④讓下屬挑戰新事物

對於具有領導潛力的員工，可以試著讓他擔任新專案的負責人，或是為他成立新的部門，從零開始訓練，藉此紮實他的根基，這就是成為一位領導者的基本功夫。

看到這裡，您認同嗎？

這麼一來，相信大家都能了解要累積哪些訓練，才能成為一位優秀領導者了吧！

領導者的準備 ❶ 六項規則

事先學會「L·E·A·D·E·R」規則

美國電器大廠GE公司，從培育管理者的角度，用「L·E·A·D·E·R」這幾個英文字母，清楚說明「領導者」的特質。

下列是管理者教育課程中，有關領導者培育手冊的內容。如果抓出各個重點的第一個英文字母的話，恰巧可以拼成「LEADER」（領導者）這個單字。

● L—Listen（要「傾聽」他人說話）

對領導者來說，比起擅長說話，更重要的是要「傾聽」他人說話。

領導下屬前，一定得先學會「傾聽」才行。

● E—Explain（要「說明」到讓人理解）

身為領導者，也必須擅長「說明」才行。

面對一項新工作，就像接受一項新的挑戰一樣。基於人類會對新事物產生抗拒的心理，所以可能會有很多人提出反對意見。

如果想要突破這層心理障礙，就必須說清楚、講明白才行。

●A—Assist（要「協助」他人）

「適時伸出援手」也是領導者應有的風範之一，所以必須在可能範圍內，交辦事務給下屬處理。

但必須注意的是，不能任何事情都對下屬說：「我來幫你。」因為那不是幫助，而是多管閒事。

●D—Discuss（要與他人「討論」）

為了提升會議效率、統整會議內容，領導者還必須具備「討論技巧」。

但是「討論技巧」不是光靠嘴巴強辯就好，還要說出能讓對方理解的道理才能服眾。

LEADER（領導者）法則

- **L** Listen：要「傾聽」他人說話
- **E** Explain：要「說明」到讓人理解
- **A** Assist：要「協助」他人
- **D** Discuss：要與他人「討論」
- **E** Evaluate：要公平給予「評價」
- **R** Respond：要確實「回應」他人

●E—Evaluate（要公平給予「評價」）

領導者必須給予每個人公平、客觀的評價，絕對不能偏袒某個特定人物。

此外，就算領導者的口才再優異、個性再積極，如果不能做好人事考核工作的話，仍然無法稱得上是稱職的領導者。

●R—Respond（要確實「回應」他人）

領導者必須確實回應他人所說的話。即使陷入困境或僵局，也要能立即恢復正常，所以平時就要準備好這項應答技巧。

有心成為領導階層的人，請務必確實了解上述重點。

領導者的準備 ② 微笑效果

取得對話主導權的臉部表情

提到一流領導者的表情，總給人嚴肅的印象。但那是先入為主的觀念。事實上，能夠影響他人的人，是臉上經常保持笑容的人。

不管是公司內部會議，還是傳達指令給下屬，都必須時常面帶微笑，這是身為領導者應有的態度與作為。

甚至，荷蘭烏特列支大學（Utrecht University）社會心理學研究所的亞果．卡爾瑪博士還提出，「**經常保持笑容就能成為領導者**」這樣的說法。

他在一項以一百二十名男大學生為受試者的實驗中，將每三人分成一組，請他們就某議題進行討論，希望藉此了解「什麼樣的人可以掌控對

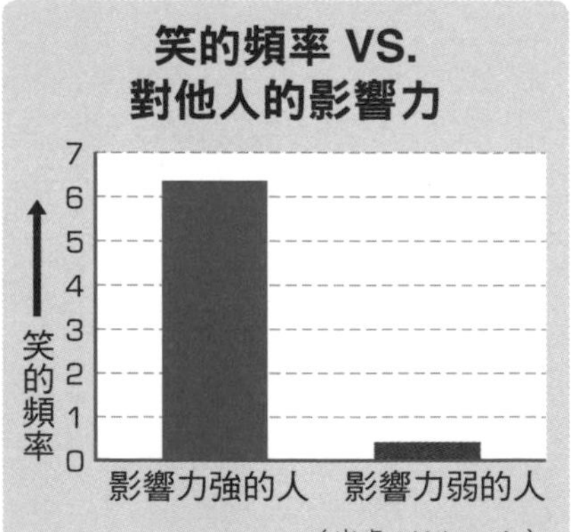

（出處：Kalma, A.）

話主導權」。

結果如圖所示，最不容易影響他人的人，是總是擺出一副嚴肅臉孔、幾乎沒有什麼笑容的人。

相較之下，一些能夠握有主導權的人，是經常面露微笑者。

當然，聽到不利自己的評論，或是自己的想法當場遭到駁斥等，還是會感到沮喪、低落，**可是既然身為領導者，就要有不管聽到再難聽的話，也要面帶微笑的氣度，這才是最重要的**。

只要能夠保持這樣的胸襟與態度，相信身旁的人一定會對你發出「真不愧是領導者」的讚嘆。

領導者的準備 ③ 控制對話

多話的領導者容易令人討厭

在一般人眼裡，能夠主導對話的人，多半是團體中的領導角色。如果想成為「不被討厭的領導者」，請利用「控制發言」這個策略。

為什麼有些人只要一開口就會被人討厭呢？

那是因為他們剝奪了對方說話權利的緣故。

除了自己之外，別人也有想說的話、想要發表的言論，如果只顧著自己拚命講，肯定會被認為是「討厭的傢伙」。

上述心理論點，是由美國雪城大學（Syracuse University）的大衛・史坦格教授所提出。

同時，他也提出「發言時間長短」與「領導力」、「好感度」之間的關係。

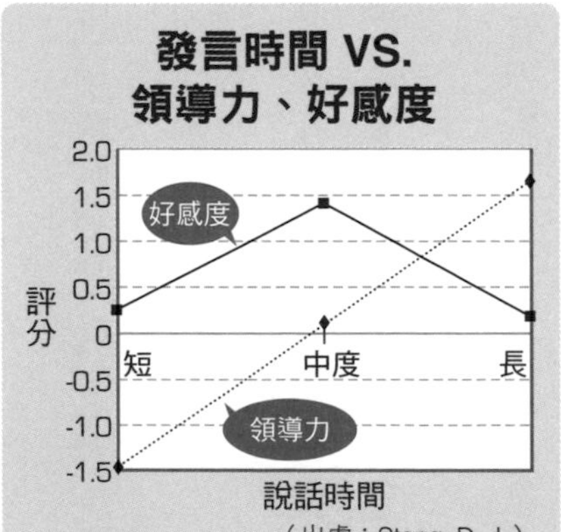

（出處：Stang, D. J.）

從圖表可知，就「領導力」來看，幾乎不在小組中發言的人，容易被認為是不適合擔任團體的領導人物。而一些能在小組中主動發言、引領對話者，則容易被認為是具有領導能力的人。

可見，**「發言多寡」與「領導力」是呈現正向相關**。

但另一方面，就「好感度」來看，「發言時間」與「好感度」則是呈現曲線關係。

換句話說，**懂得「適度發言」的人最受歡迎。其餘過猶不及的表現，都不是做為一位領導者應有的表現**。

領導者的表現 ❶ 傳達重點

領導者傳達事情的五項說話技巧

領導者在傳達事情時，必須讓下屬充分感受到事情的重要性。但有些人偏偏喜歡以開玩笑的方式來逗弄下屬，這樣是很難被視為一位真正領導者的。

如果想在下屬面前，展現自己身為領導者的風範，請務必運用下列五項技巧：

①清楚交代工作內容

對於新進人員，應盡可能清楚交代工作內容。

這麼一來，就會在他心裡產生「你是一個可靠的人」的印象。

而且，你也能從新人對你的尊敬裡，產生領導意識。

②讓下屬了解職務的相關性

比方說，在向下屬說明會計工作時，不能只有教他記帳，還要讓他知道為什麼經營者透過帳冊就能判斷經營方向等，讓他了解自己這份工作的意義在哪裡。

工作內容
相關性
規則
使命感
回饋

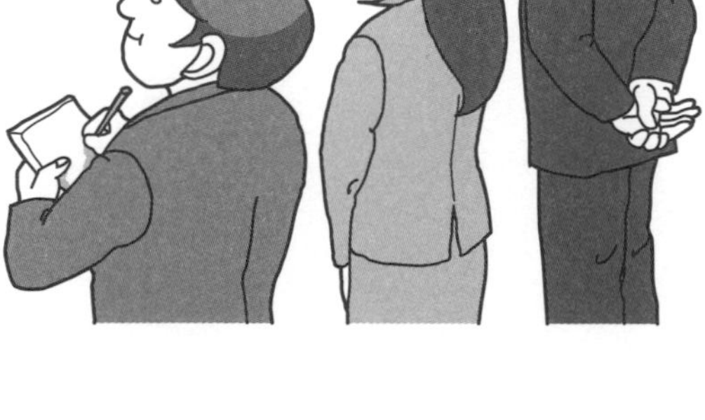

③清楚說明組織規則

我想，多數公司應該都有屬於自己的社訓、經營方針或是理念等，只是常常被人遺忘或忽略而已。只要能在下屬面前，清楚說出「挑戰，就是我們的社訓」之類的話，一定可以提升你的領導地位。

④給予下屬客觀的回饋

訓斥下屬時，應盡可能提出客觀的事實或數據，絕非只有情緒性的斥責而已。

比方說，當下屬業績不如預期時，可以說：「你的業績跟上個月相比掉了二％，發生什麼事情了嗎？」而不是「怎麼連工作都做不好！」這種不留情面的話。

請養成客觀說話的習慣吧！

⑤將自己的使命感傳達給下屬

比方說，「我想挑戰這份工作（企劃）」、「這件事我們一定可以做得比別人好」之類，讓下屬明確知道你的想法。

領導者的表現 ❷ 「非」領導者

「老說些無聊話題的人」不適合擔任領導者

說話內容無趣的人，很難被視為領導者。美國北卡羅萊納州維克森林大學的馬克．雷利進行以下實驗。

實驗開始。首先，他讓數名學生去聽幾個不同人士的談話內容，之後再請他們從中選出認為誰才是領導者。

結果發現，「說話有趣的人」比較容易被視為具有領導能力的人。

但另一方面，又是什麼樣的說話內容，會讓聽的人感到無趣呢？

我們歸納出下列五點，分別是：

①**自我中心：**一直說著關於自己的話題。

無聊對話的五種特徵

❶ 自我中心
❷ 平淡無趣
❸ 缺乏情感
❹ 冗長
❺ 被動

（出處：Leary, M. R., et al.）

②**平淡無趣：**談話內容流於表面，一直圍繞在同個話題上。

③**缺乏情感：**說話時的表情一般，語氣平淡，無法讓人感受到熱情。

④**冗長：**對他人的話題反應遲鈍，說明不得要領，讓人無法抓到重點。

⑤**被動：**不會主動表達自己的想法，只做被動式應答。

換句話說，如果能做到與上述五點相反的話，就是所謂的「**說話有趣**」，像是避免以自我為中心、多傾聽他人意見、經常挖掘新的題材、臉部表情豐富、對他人的話題機靈應對、說明時條理清晰、結論簡短扼要、確實傳達自己的想法等，想要成為具領導風範的人，請確實留意上述五項要點。

領導者的表現 3 激發幹勁

巧妙運用「成就感」提振部屬工作幹勁

「來吧！拿出你的幹勁，努力工作吧！」對經營者及主管來說，「要如何激發下屬幹勁」是他們相當感興趣的話題。

美國耶魯大學的理查．赫克曼博士與愛德華．勞爾博士，對「如何激發下屬幹勁」這個主題非常感興趣，並著手進行調查。

他們找來某電信公司的二百零八名員工進行「**幹勁**」測量，希望了解「幹勁」與各項因素的關連性。

結果發現，與工作動機關連性最高的是「**成就感**」。

激發下屬的「幹勁」

成就感	0.45
從工作中得到滿足	0.39
參與工作的程度	0.39
讓員工抱持責任感	0.30
能從工作中期待個人成長	0.26
高品質的工作	0.25
對工作感到自豪	0.23
參與決定	0.23
受到主管重視	0.23
在公司內部的地位	0.16
升遷的速度	0.16
工作穩定	0.16

※數值為相關係數。愈接近+1.00，代表與「幹勁」的關連性愈高。
（出處：Hackman, J. R. & Lawler, III E. E.）

讓下屬感覺自己達成某項工作，是最能激發他們幹勁的方法。

也就是說，想要提高下屬**幹勁**，與其提高音量激勵他們「加油」，倒不如讓他們做些能力所及的事。

當然，如果都是指派一些簡單工作，久而久之，恐怕會讓下屬驕傲起來，所以適時提高工作難度也是很重要的。

帶領部屬的技巧 1 善於傾聽

成為傾聽下屬意見的主管

每個人之所以希望別人聽自己說話，是因為我們有「社會性需求」。所以，不管是主管或前輩，都必須滿足下屬或後輩的這個需求才行。

所謂「社會性需求」是指希望贏得他人讚賞、獲得正面肯定、得到他人認同的需求，而且這樣的需求存在於每個人心裡，相當普遍。公司組織裡的部屬，當然也有這方面的需求。

也因為如此，能夠滿足其需求的主管，往往都能帶引他們前進。

但要怎麼做才能滿足部屬的「社會性需求」呢？

答案很簡單，就是「傾聽」。

與部屬說話時，千萬不能用敷衍的態度應付。一定要專心、誠懇地投入才行，這點非常重要。

加拿大卡加利大學（University of Calgary）以丹尼爾．史卡利克博士為首的研究團隊發現，能確實「傾聽」部屬說話的上司，會得到下列幾項正面評價：

①高尚；

②親切；

③富同情心；

④溫和。

此外，據說願意仔細傾聽部屬說話的主管，通常他的部屬也比較不會出現偷懶或摸魚的情況。

可以對他人產生影響的人，幾乎都是善於「**傾聽**」的高手。

真正的專家，不一定擅長說話；但真正的高手，一定是願意靜下心來，仔細聽人說話的人。

如果想要成為「**傾聽高手**」，請在聆聽部屬說話時，謹記下列七項重點：

①對述說者的說話內容抱持「好奇心」；

②即使已經知道，也要像第一次聽到一般的認真；

③用「接下來」、「後來呢」親切回應；

④聆聽時，要注視對方的眼睛；

⑤在對方詢問自己的想法前，不要主動說話；

⑥聆聽時要拋開自己先入為主的觀念；

⑦切忌不耐地催促對方說話。

其中最重要的，就屬「抱持好奇心來聽對方說話」這點。如果用一種漫不經心的態度回答「是喔」、「這樣喔」的話，效果一定會大打折扣。

最後要說明的是，傾聽部屬說話時，「做筆記」也是很好的方法。

即使對方說的內容你都已經理解，但身為主管的你如果能說：「這個想法很有趣，我先記下來。」的話，不僅會讓部屬感覺自己被認真對待，也會認為你是個願意傾聽部屬意見的好主管。

成為傾聽高手的七項重點
1 對述說者的說話內容抱持「好奇心」
2 即使已經知道，也要像第一次聽到一般的認真
3 用「接下來」、「後來呢」親切回應
4 聆聽時，要注視對方的眼睛
5 在對方詢問自己的想法前，不要主動說話
6 聆聽時要拋開自己先入為主的觀念
7 切忌不耐地催促對方說話

帶領部屬的技巧 ❷ 貼標籤

「貼標籤」能讓自己樂在工作

你是否樂在工作呢？記住，自己如何看待工作、定義工作，將會大大影響你在面對工作時的態度。

以色列耶路撒冷希伯來大學（Hebrew University of Jerusalem）的阿納度．拉法耶利，曾以迪士尼樂園員工對自己工作的看法，進行調查。

迪士尼樂園中，稱工作期間為「On Stage」（上舞台）、休息時間為「Off Stage」（下舞台）、受雇人員為「演員」、遊客為「來賓」。

對工作人員來說，「工作＝On Stage」，所以接待前來樂園遊玩的來賓時，就有必要扮演好自己的角色，讓他們開心。

只要利用這種方法看待工作，就能提高員工們的工作動力。

試想，如果有遊客不小心將冰淇淋掉到地上，而你身為迪士尼樂園的員工，必須一面清理地上髒汙，一面安撫遊客情緒、讓他們心情不受影響時，該怎麼做才好呢？

如果能以這樣的想法來看待工作各個環節，即使只是一個簡單的掃除工作，也會因為多了一份使命，而成為一段「必須讓來賓開心」的高水準演出，繼而產生工作的意義與樂趣。

這種念頭的轉換非常重要，更能應用在每個人的工作上。

比方說，身為一位卡車司機，與其認為自己只是物流公司裡的一個小齒輪，不如把自己當成是「為人們運送夢想」的人。

這麼一來，工作一定變得有趣多了。

又或者，假如你是從事文書工作，與其認為自己只是反覆進行無趣的文件整理，倒不如換個念頭，把自己想像成是受到國際注目的夢幻足球賽選手，負責在公司裡的各個角落傳遞重要訊息。

帶領部屬的技巧 ❸ 有效批評

批評他人時一定要有建設性

批評部屬的困難之處在於「表達方式」。如果說出過於嚴苛的意見，對方可能無法承受而影響情緒。儘管如此，又不能什麼都不說。

如果遇到必須嚴厲指正部屬的情況，請盡可能提出「**建設性批評**」。

所謂「**建設性批評**」，就是在顧及對方顏面的情況下，以委婉方式傳達。

但必須特別注意的是，如果忽略下列三項重點的話，可能會被誤認為是「破壞性批評」，而非「建設性批評」。

① **不能否定對方的人格；**

② **自己的批評也可能有錯；**

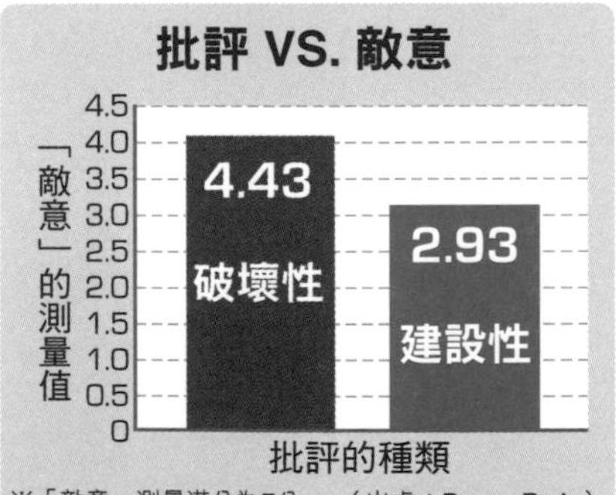

※「敵意」測量滿分為7分。（出處：Baron, R. A.）

③批評時，必須提出具體的改善方式。

美國普度大學（Purdue University）的羅伯特・巴隆博士找來數位受試者，協助進行一項「批評」的實驗。

他將受試者分成兩人一組，請他們針對某樣即將上市的新產品進行討論。

但小組中，已事先安排一人專門做出**建設性批評**或是破壞性批評。

●建設性批評小組

「包裝應該可以再講究些！」

「我覺得還有改善的空間……」

●破壞性批評小組

「你不要老說些沒用的意見啦！」

「你的提案根本沒有吸引人的特色啊！」

結果不難想見，對破壞性批評小組的「敵意」，要明顯高於建設性批評小組。

帶領部屬的技巧 ❹ 三明治法

讚美高手愛用的「三明治法」

沒有人會討厭「被讚美」。雖然被讚美的當下，可能會害羞、不好意思，卻不會有人因此感到不開心。善於讚美他人者，很容易贏得他人的好感。

「讚美」這件事，要做到不諂媚、不討好，還是需要一些訣竅的。

本篇就來介紹美國教育心理學家海姆．吉諾特（Haim G. Ginott）在《老師如何跟學生說話》（*Teacher and Child*）中提到的「**三明治法**」。

讚美他人時，不是從一賣力讚揚到十才叫讚美，這反而會讓人對你產生一種「虛偽」的印象。

最好的讚美方法，就是要在讚美當中夾雜一些批評。

我們可以從「三明治」這個詞彙來具體說明作法：

① 讚美；

② 建設性批評；

③再一次讚美。

讚美他人時，如果想讓對方感受到你的誠意，請依照上述順序進行。

也就是說，要在前後的讚美之間，夾帶建設性批評。

比方說，「你真的很認真耶，我一直有在觀察你喔！」（讚美）↓「可是啊，效率似乎有些不如預期！如果想提高效率的話……」（建設性批評）↓「很好，要持續下去喔！我很看好你的！」（再一次讚美）

從心理學的研究資料得知，「讚美」與「建設性批評」的比例，最好維持在「二：一」的狀態。

換句話說，**如果你要提出一個批評，就必須給予兩個讚美**；如果要提出兩個批評，就必須給予四個讚美……只要學會讚美的技巧，不管是誰都能和你成為朋友的。

最後，請讓我再重複一次，任何人只要被讚美，都會感到開心的！

帶領部屬的技巧 5 斥責禁忌

「你連這樣的事都做不好！」請避免這類情緒性斥責

人們有個特性，就是被讚美後很快就會忘記，可是一旦被斥責，卻有可能記上好幾年。相信沒有人被斥責後還會覺得高興的，所以絕對不要隨便出口罵人。

主管在責備部屬時，很容易一不小心就會過度情緒化，「你就是私生活不檢點，才會變成這樣」等，說些根本沒有必要說出口的事。

但這樣的**斥責**，只會讓部屬更加反感，而不願再聽進主管所說的任何一句話。反之，如果沒有在應該指責的時間點提出建議的話，日後一定會鑄下無法彌補的大錯。所以，在對他人提出指責前，請先了解什麼是「不可觸犯的禁忌」。

心理學上，已經實驗證實幾項「無論如何都不可以觸碰」的禁忌。只要謹守這些原則，其他想說什麼都可以。

美國教育心理學家吉諾特提出「斥責」的十大禁忌（請參考本篇圖表），千萬不要隨意冒犯，否則將沒有人願意和你交往。

斥責的十大禁忌

1	口出惡言	「王八蛋！」 「沒用的東西！」
2	侮辱	「你真是個人渣！」 「敗類指的應該就是你這種人！」
3	責難	「怎麼會沒辦法呢？」 「你到底要失敗幾次才甘願啊？」
4	壓抑	「住嘴！」、「你很吵耶！」 「你別給我開口！」、 「不要讓我再看到你的臉！」
5	強迫	「不准再提這個話題！」 「不准持反對意見！」
6	威脅	「你不做的話，就準備走人吧！」 「做不到就拿命來抵！」
7	哀求	「我拜託你住手好嗎？」
8	發牢騷	「都是那傢伙的關係，才會失敗！」 「這家公司的制度真爛！」
9	收買	「你如果願意這麼做，我就有辦法讓你出人頭地！」
10	諷刺	「居然能犯下這種錯，你也真是夠了不起的了！」

尤其，如果想擔任團體中的領導階層，更應該避免犯下這些禁忌。

看到這裡，難免會有讀者在心裡嘀咕：「這麼一來，不就都不能罵人了嗎？」

確實是如此沒錯！

因為沒有人被罵還會覺得開心的，所以基本上是絕對不能隨便罵人的。就算要斥責對方，也要具體說明理由、提出確切事實，絕對不能觸犯情感上的禁忌。

由於斥責的禁忌很多，能不用是最好的。這樣一來，才能成為他人心目中真正好的領導者。

帶領部屬的技巧 ❻ 不良印象

令人討厭的三種說話類型

身為一位領導者，不僅要讓部屬敬重，也要讓部屬喜歡才行。一位不受人尊敬、也不受任何人喜愛的領導者，是無法成功扮演好他的角色的。

以心理學家瓦福德博士為首的共同研究小組，曾針對「哪種領導者不受歡迎」這個問題進行調查，結果得出下列三種類型：

①馬上做出評論的人

比方說，明明對方才講幾分鐘，就說：「你喲，一定就是○○這類型的人啦！」或是對方才剛進公司不到一個月，就說：「我覺得你待在這裡，是永遠不會出頭的！」等無謂的評論。這類型領導者是「**不受歡迎**」的第一名。

②明顯想要影響對方意圖的人

如果將想要說服他人的意圖表現得太過明顯，不僅會讓對方感到不悅，也會讓他對你產生反抗的心理。

所以像是說服、命令、指示、教育等，請盡可能以自然的口吻傳達，否則很容易會被視為「討厭的人」。

③**說話獨斷的人**

不管什麼理由，只要說話方式太過獨斷，就會讓人覺得反感。即便只是小意見，如果說法或語氣上過於嚴厲，也會給對方帶來「獨斷」的印象，這點請務必小心。

上述三種類型是心理學家瓦福德博士所提出「**不受歡迎領導者**」的典型範例。想要獲得他人喜愛，請避免做出上述三種行為。

只要減少容易被人視為「汙點」的行為，就算自己沒有做出什麼受歡迎的事，至少也不會給人留下壞印象。

想要受到他人喜愛或許不容易，但是不被討厭卻很簡單就能做到！

帶領部屬的技巧 ❼ 判斷方法

做出正確判斷的五個條件

如何才能做出正確判斷呢？美國坎薩斯大學的詹姆士．尚土博士，針對醫師、律師以及分析師等專業人士的判斷進行調查。

詹姆士．尚土博士調查後分析指出，想要做出正確判斷，必須具備下列五個條件：

①觀察對象必須是靜止狀態

動態的事物，例如：股價等，因為無法正確掌握，所以不易判斷。

②以具有重複性的事物來做為評斷對象

固定的週期變化不僅容易看出規律性，也比較容易做出判斷。其他像是事故、天災等人類無法掌控週期的現象，就無法正確掌握。

正確判斷的五項條件

❶ 觀察對象必須是靜止狀態

❷ 以具有重複性的事物來做為評斷對象

❸ 能做出回應的事物

❹ 專家們的一致判斷

❺ 問題單純化

（出處：Shanteau, J.）

③能做出回應的事物

自己的判斷能透過第三方以某種形式回饋，經由驗證後，再重新做出判斷。如此一來，更能提高判斷的準確性。

④專家們的一致判斷

經由多位專家共同做出判斷的一致性愈高，代表這個判斷愈正確。

⑤問題單純化

比起複雜事物，如果判斷對象只有一個或少數的話，很容易就能做出正確判斷。

從上述結果來看，想在工作上做出正確判斷，某種程度上，是可以根據一些條件來事先掌握的。

組織論 ❶ 組織改革

讓組織成功改革的五個因素

「組織改革」的重要關鍵為何？英國雪菲爾大學的麥格爾・威斯特教授，曾針對這點進行一項有趣的調查。

全世界都知道，想在日本進行「組織改革」並不容易。雖然日本人自己也經常喊著要「公司改革」、「組織改革」，但還是很困難。

為什麼呢？

因為即使策略擬得再好，如果中間滲透過程不良的話，就無法產生良好成效。

此外，如果在嘗試一段新的努力後，還是無法成功的話，問題也有可能是出在缺乏有效實現**組織改革**的理論上。

為此，英國雪菲爾大學（The University Of Sheffield）的麥格爾・威斯特教授，以英國二十七家醫院為對象，進行了這項有趣調查。

首先，他訂出與**組織改革**有關的三項測量標準，分別是：

①**強度**；

②**新規則**；

③**有效性**。

無論進行多大幅度的改變、採用多麼新穎的作法，都可以利用這三項標準，將實際改革程度予以數值化，藉此檢測改革的有效性。

結果顯示，有關促進改革的因素，下列幾個都非常重要：

①領導者（管理階層）的支持

改革不能從基層員工開始，因為由下而上的流程，是無法做好整體改革的，一定要有領導者（管理階層）的支援才行，這點非常重要。

②員工的參與程度

但是，光靠領導者（管理階層）的命令，仍舊無法做好改革，還要有前線員工的積極投入才行。

③改革的方向

進行「**組織改革**」，必須要有清楚的改革願景。而且改革方向，也必須是組織裡的成員們所強烈期盼的方向。

④目標的明確程度

如果希望組織全體成員都能參與改革的話，目標就不能過於抽象，必須具體、明確才行。

⑤員工參與改革的比例

改革工作必須由組織裡的每位成員，團結一心投入才行。

能夠帶頭參與改革的人愈多，成果愈值得期待。

但就上述五個因素來看，最應該重視的，還是「領導者（管理階層）的支持」這項。

想要組織改革成功，領導者（管理階層）的力量不可或缺！

讓組織成功改革的五個因素

❶ 領導者（管理階層）的支持 [0.68]

❷ 員工的參與程度 [0.64]

❸ 改革的方向 [0.57]

❹ 目標的明確程度 [0.53]

❺ 員工參與改革的比例 [0.28]

※1.00：完全相關
-1.00：完全不相關

（出處：West, M. A. & Anderson, N. R.）

組織論 2 防止不當行為

防止組織內部不當行為到底有多困難？

在公司裡打私人電話、傳送私人郵件、擅自拿取文具用品……這些不當行為，相信大家都曾聽聞或見過吧！該如何防止這些行為呢？

美國喬治城大學（Georgetown University）管理學系的瑪爾希亞．米歇利，針對偷取公司備用品、傳送與業務無關的私人信件、違反公司嚴禁事項等**不正當行為**，進行一項有趣的調查。

他向一萬三千名在十五個市公所工作的公務員，提出下列幾個問題。

問卷採匿名回收的方式。

首先，「當你看到有人做出不當行為時，會主動制止對方嗎？」

不當行為的應對

（針對市公所13,000名員工的調查訪問）

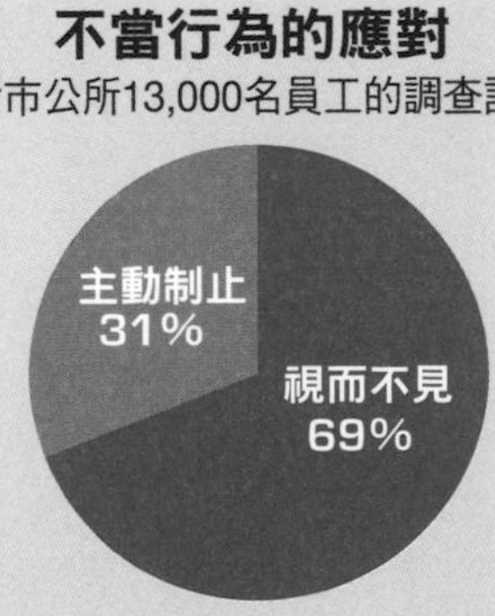

（出處：Miceli, M. P. & Near, J. P.）

結果如圖所示，竟有六十九％的人會「裝作沒看見」。

接著問道：「那麼在什麼情況下，你才會出面制止對方呢？」

經由調查發現，只要具備下列三項條件，受試者就可能主動出面制止對方，分別是：

①這是自己份內的工作；

②不用擔心會遭到報復；

③惡化的程度低。

從上述結果來看，**想要防止組織內的不當行為，竟是出乎意料的困難。**

此外，還有一點要特別注意的是，**愈是嚴重的不當行為，愈容易被放過。**

看來，想要有效**防止不當行為**的發生，恐怕公司還得設置監控部門，聘請專門看管的員工才行呢！

組織論 3 會議運作

重複發表自己的看法，將導致想法偏激

會議是眾人討論、彼此交換意見的地方，但為何有時結果卻朝危險、偏激的方向進行呢？

德國康斯坦茨大學（University of Konstanz）的馬卡斯・布勞爾曾進行一項實驗。他將三百四十四名受試者分為三十五個小組，並讓各小組針對核能發電、減稅、動物權利等各項議題進行討論，再觀察各小組的討論狀況。

結果發現，會提出極端意見的人都有一項共同特徵，就是在討論過程中，**會不斷重申自己的意見，增加發言次數，導致他們對自我想法的執著程度愈來愈高，因而變得愈來愈偏激**。

一旦向某人表明了自己的想法，就好像要控制那個人一樣，非得要大家都遵照他的意思才可以。馬卡斯・布勞爾稱這種傾向為「**發言效果**」。

在會議等場合不斷重複表明自己意見的人，也會在不知不覺中，愈來愈執著於自己的想法，這點一定要注意。

此外，當我們向某人提出「某個意見」之後，其實這個「意見」也會反過來約束說話者本身的行為。

舉例來說，甲可能對乙隨口發了一下公司牢騷，但如果甲一直不斷重複這個行為，最後甲就會認為這個牢騷其實是自己的真心話，而真的開始討厭起公司來。

換句話說，自己的心理會被說出口的話所影響。

同樣地，如果想要喜歡自己的公司，只要不斷向他人表示「我喜歡我的公司」，也會產生相同的效果。

說給他人聽，其實是為自己的內心指引方向。希望大家都能了解這個道理。

「身高」與「體型」會影響他人對你的評價

首先是「身高」。

從高處俯瞰對方，自己心裡會產生一種傲視的優越感。所以，身高愈高的人，談判時也比較容易取得優勢。

同樣道理，如果想在談判時取得主導權，請坐在比對方高的椅子上。

美國就曾發生過這樣一個案例。談判的一方，事先故意將另一方的椅腳鋸短，如此一來，雖然彼此坐在同款設計的椅子上，但視線高度還是不一樣。

其次是「體型」。

身材愈纖瘦的人，愈容易得到正面評價。

在一項相關實驗中，出現了「纖瘦／肥胖」、「高䠷／矮小」、「髮量一般／禿頭傾向」等外表選項供受試者選擇。

在「你喜歡哪種身材外表的主管」這個調查裡，發現體型纖瘦的主管，比較能夠獲得高度評價。

至於其他像是髮型、身高等，則無關對主管評價的好壞。

如果就實驗結果來看，似乎與前段提到的「身高愈高，愈占優勢」的說法矛盾。可是在談判等場合，還是以物理性的高度比較能夠發揮效果。

體型 VS. 評價

喜歡的主管外表？	可以看出積極性嗎？
瘦子7.49分	瘦子7.87分
VS.	VS.
胖子6.81分	胖子6.92分

（出處：Hamkins, N. E., et al.）

心理小講座 ……… 8

「開心的事物」可以降低工作缺勤率

藉由撲克牌遊戲
降低缺勤率

減少比例高達18.27%！

（出處：Pedalino, E. & Gamboa, V. U.）

美國密西根大學的艾德·貝塔利諾，曾進行一項有趣的實驗。他拜託某流通量販業者，讓員工上班時，抽選一張撲克牌。

一週上班五天，就會抽到五張牌。之後再利用這五張牌進行撲克牌遊戲。最後贏得勝利的人，可以得到二十美元的獎金。

在進行這項遊戲之前，公司的缺勤率是 3.01%，等到開始實施遊戲之後，缺勤率就降到 2.46%。以減少的比例來看，缺勤率的降低幅度高達 18.27%。

由此推估，應該是撲克牌遊戲提高了員工的上班意願。可見，只要運用小小的技巧，就能有效提升員工的出勤率。

此外，在一項調查「什麼因素會提高員工操作電腦意願」的實驗裡，發現「有趣」這項因素，會提高員工學習新事物的意願。

只要體會到「原來電腦是個有趣工具」的話，就會加快學習的速度。

人們會將注意力集中在感興趣的事物上。如果不感興趣，學習就會變成一種義務，而且困難重重。工作時，千萬不能忽略這點。

Chapter

5

克服
內心的軟弱

心智訓練的心理技巧

面對自我極限時，該如何突破瓶頸？
其實，每個人心裡都有脆弱的一面，
而這也是成長過程的必要經歷。
一心想要維持現狀的人，
雖然不會遇到瓶頸，卻也無法成長。
不妨把「瓶頸」視為突破既有觀念的大好機會吧！

突破瓶頸 ❶ 心理障礙

從心理學角度思考「障礙」的存在

到底什麼是「障礙」？顯然那是個人的「主觀認定」。其實，障礙的另外一面就是「自我評價」，是每個人基於自我認定、要求所堆砌出的心牆。

如果不是根據客觀事實，而是由個人自行做出評價的話，無形中可能會在心裡產生障礙。當然，也有可能不會。

換句話說，障礙是「自己」製造出來的。

再從客觀角度來看，也應該沒有人可以斷定哪件事情足以構成所有人的障礙，因為障礙的難度是由「自己」決定的。

總而言之，**個人的想法才是障礙產生的根本來源**。

不僅思考如此，人際關係也是如此。

比方說，一旦心裡認定「這件工作對我來說太困難了」，那麼在出現這個想法當下，障礙也就產生了。

ABCD......
NoNo...

然而，**究竟是什麼因素影響我們對自己的評價呢？就是自己過去的人生經驗，以及成功、失敗的記憶。**

過去的種種會在你耳邊竊竊私語：「你以前也曾在這種時候失敗過呢！」像這種從內在發出的聲音，就會形成你對自己的評價。

譬如，一旦你知道眼前這位談判對象比自己資深、年長，就會不自覺地被這種情緒控制，「怎麼辦？我一定說不過他的……」、「我對他真是一點好感也沒有！」等。

之所以會產生這些想法，可能是因為腦中浮現過去與客戶商談失敗、替公司惹來麻煩，甚至被降職的經驗，而當時的對象恰好是位長者的緣故。

這種慘痛經驗會殘留在潛意識裡，不時提醒著自己，導致自己做出「無法與年長者順利合作」的評價，障礙於是產生。

突破瓶頸 2 自我期待

「障礙」是自己內心樹立的

美國紐約州立大學心理學家馬賓・歌德佛萊與德納德・薩波辛斯基，曾進行一項「人格特質」的研究，調查哪種特質的人「社交焦慮程度」最嚴重。

結果顯示，「**社交焦慮程度**」最嚴重的人，同時也是**自我期待很高**的人。這些人總認為自己應該是某種樣子、自己應該辦得到等。

其次是對任何事情都**過度擔心**的人，他們非常擔心事情會演變成對自己不利的結果。

第三名是會**把自己的焦慮情緒反應給對方**的人。無論發生什麼事情，都會立即擺出臭臉，將自己內心的挫敗感顯露在臉上。

第四名是**強烈尋求他人認同自己欲望**的

期待過高會提升焦慮情緒

	與社交焦慮測驗之相關係數（R）
對自己的期待程度	0.55
過度擔心	0.45
容易動怒	0.43
強烈尋求他人認同	0.36
不想擔負責任	0.27
有自我懲罰的傾向	0.18
有規避問題的傾向	0.17
無論做什麼，總認為做不到而放棄	0.12
依賴他人	0.07

※相關係數愈接近1.00，代表變數間的相關性愈強。

（出處：Goldfried, M. R. & Sobocinski, D.）

人。如果尋求他人認同的欲望太強，**社交焦慮程度**也會跟著提升。

第五名是總是**規避責任**的人。他們不想為任何事情擔負責任，其**社交焦慮程度**也會比較高。

上述五點是影響**社交焦慮程度**的重要因素。

當然，我們也可藉此反推。

如果想要有效改善**社交焦慮程度**，只要逆向操作就可以了。

①不要對自己抱持過度期待；

②不要過度在意結果；

③不要表現出自己內心的焦躁不安；

④不要強求他人的認同；

⑤成為一位有責任感的人。

突破瓶頸 3 骨牌效應思考

有效制止負面情緒的「骨牌效應思考」模式

如果不控制思考，它就會持續往極端方向推展。倘若不加以制止，將變得一發不可收拾，如同骨牌被推倒後，無法控制後續發展一樣。

你是否遇過擅自從你桌上拿走資料，卻遲遲沒有歸還的同事？

「你一直不還我檔案，害我很難做事耶！」

「拜託不要再拿走我的資料了啦！」

類似這樣，就算你一直拜託對方，他也只是回答：「好啦，我知道了！」但情況依舊沒有改變。這時，你的腦中就會陷入**骨牌效應思考**模式。

像圖表所列的這種思緒發展失控現象，就是**骨牌效應思考**的特色。如果不設法從某處加以制止的

產生負面情緒的「骨牌效應思考」

「這個人怎麼這麼任性呢？」

▼

「難道不知道這樣讓我很困擾嗎？」

▼

「真令人生氣！」

▼

「下次再犯錯，我就要揍人了！」

▼

「不，揍人還不夠，
我大概要殺了他才能消除怒氣！」

話，不僅會讓情緒變得「焦躁不安」，更嚴重者，甚至會萌生「敵意」或「殺意」也說不定。

那麼，到底該怎麼做才能有效制止**骨牌效應思考**呢？就是要做到**不輕易下結論**的態度。

比方說，「我同事『總是』不好好聽人家的話……」像這種習慣把問題「一般化」的作法，就非常不恰當。

最正確的作法，應該先正確掌握事實，再歸納出「我同事『一個禮拜大約有兩次』不好好聽人家的話……」這樣的結論才對。

如果經常用**「絕對」、「一定」、「總是」、「每天」、「百分之百」這種副詞來思考的話，一定會流於骨牌效應思考模式的**。

一旦察覺自己出現這種傾向時，務必要提醒自己以更客觀的角度來思考。

情緒控管 1 評論他人對策

遭受「他人評價」束縛，就會影響思考

「不知道他是怎樣看我的？」當你這麼想的時候，很容易讓思緒停滯不前。尤其，當你特別想在對方心裡留下良好印象時，更是容易受到影響。

明明自己不以考上一流大學為目標，卻又擔心如果沒有考上好大學，會被父母責罵、無法讓男（女）朋友看到自己風光的一面、得不到師長的讚美……

當你愈在意他人的評價或眼光時，腦中的思考就會愈加遲緩。不論再怎麼絞盡腦汁，還是無法產生好的想法及創意。

心理學上，稱這種來自自己以外的評價為「**他人評價**」（Others-evaluation）或是「**他人眼光**」。

美國東北大學（Northeastern University）以史考特・巴爾帝斯教授為首的研究團隊，曾進行一項關於「他人評價」的實驗。

他刻意以下列兩種方式，請受試的學生們針對某項研究主題，提供他們的創意。

首先，研究團隊請受試者自由發表意見。

這個方法會讓所有受試者清楚知道，哪個創意是由誰想出來的。

結果發現，受試者的內心會因為有所顧慮，而無法踴躍發言。

於是，研究團隊改換另外一種方式。

他們將所有的想法都混雜在一起，不僅不讓受試者知道哪個想法是由誰提出來的，甚至還告訴他們分析的方式。

結果顯示，無論是創意的品質還是數量，竟然都得到大幅提升。

為什麼會有這樣的結果呢？

那是因為受試者感受到**他人評價**的壓力降低的緣故。

「既要獲取他人好的評價，又要得到好的結果」，這在心理學上是不可能發生的，而且只會給自己帶來負面壓力。

透過巴爾帝斯教授的實驗證明，「壓力」其實是自己設定出來的，而非他人所給予。如果有主管對部屬下達「這星期內要想出十個好點子」這樣的命令，就心理學角度來看，部屬是絕對不會產生主管期待的結果的。而且，幾乎都是如此！

因為「他人」導致的壓力，對事情不會有任何幫助。但如果壓力是來自自己設定的目標，就有可能成為正向壓力。

比方說，如果自己設定「下個星期前要提出十份企劃案」這樣的目標，或許就有可能實現。

當你從事必須絞盡腦汁思考的工作時，最重要的是先問問自己：**「這件事情是否真是我想做的？」**你會意外地發現，「被強迫」的情況其實還滿多的。

在強迫的壓力下進行的工作，不僅做起來不開心，效率也無法提升，更別說要產生好創意了。

記住！工作時，自己能否「樂在其中」很重要，甚至還可以說這是成功與失敗的分水嶺呢！

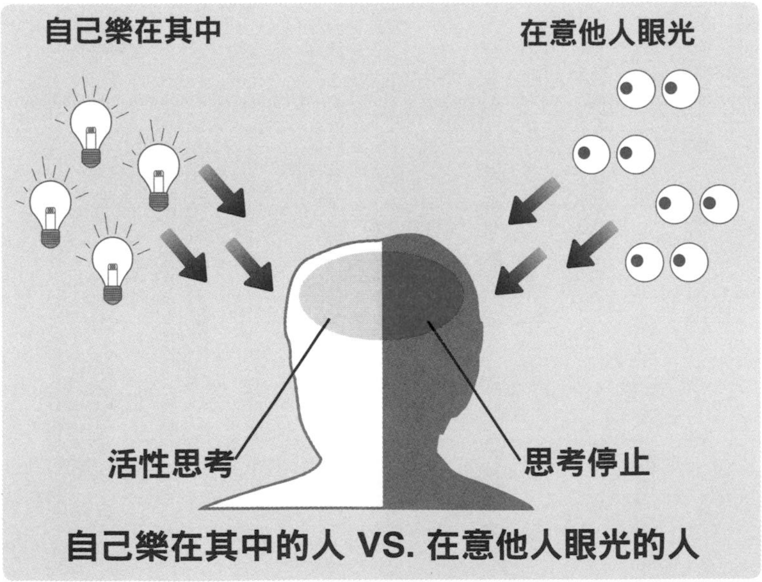

情緒控管 ❷ 避免先入為主

一旦有「先入為主」的觀念，就什麼都辦不到了

「先入為主」的觀念，是影響人們思考、行為的重要因素。之所以會出現這種情況，是因為過去的事件、經驗，對自己的想法造成極大影響的緣故。

基本上，每個人一生中都會歷經小學、國中、高中、大學，以及進入社會工作等階段。而在每個階段初期，任何發生的事情、經驗或事件等，都有可能會在心裡留下深刻的印象，並在不知不覺間植入內心深處。

有時，我們心裡會質疑、擔心自己的能力沒有辦法達成某個目標，或是認為自己一定會遇到瓶頸等，這就是所謂的「先入為主」觀念。

此時，更應該實際嘗試看看，而不是一味地認為自己辦不到。

我們必須知道，人類的「習慣」和「先入為主」的觀念，並不會某天突然自己發生改變。如果我們沒有刻意改變，或是採取積極行動的話，就會一直留存在心裡。

想要改變這種情況的話，又該如何踏出第一步呢？

首先必須了解，我們所有對待他人的想法、態度、信念等，都是「學習」下的產物。如果想要改變，也只能透過「**重新學習**」來突破障礙。

而「**重新學習**」指的又是什麼呢？

其實就是改掉不良習慣，**重新學習**良好習慣的方式。

如果不這麼做，就無法改變現況。

已經習得的事物，是經過數年、數十年累積而成，無法在一朝一夕間就看到改變成效。因此必須抱持毅力，從容地**重新學習**才行。

情緒控管 ❸ 消除負面情緒

運用「重新建構法」消除負面情緒

當內心出現不平、不滿、亂發脾氣、壓力等負面情緒時，絕對不能放任不管，一定要以積極的態度去消除負面情緒才行。

「**回溯法**」是穩定情緒的方法之一。

面對負面情緒，不僅不能視而不見，還要刻意讓自己**多次回到產生負面情緒的場景，重新經驗當時的情緒。利用這樣的回溯過程，讓自己慢慢習慣負面情緒**。

當然，重新經驗負面情緒的過程相當辛苦，必須強迫自己重新回想被客戶性騷擾、被男（女）朋友拋棄等不堪往事。

因此在進行**回溯法**時，記得要配合運用「**重新**

減弱負面情緒的「重新建構法」

1. 重新建構**當時場景**
2. 重新建構**當時對話**
3. **將當下情緒**重新建構為**不痛苦的情緒**

建構法」，透過對正向記憶的操控，來削弱負面情緒的痛苦回憶。

具體方法如下：

①重新建構當時場景；

②重新建構當時對話；

③將當下情緒重新建構為不痛苦的情緒。

換句話說，就是以「改編當時事件、對話內容」的方式，來減弱負面情緒。將「十分懊惱」的情緒，置換成「有點灰心」的感覺。

利用這種回溯過程，重新建構事情發生的經過。

最重要的是，要盡可能將故事結尾改寫成快樂結局。

情緒控管 4 不被討厭的說話術

良寬和尚的十六項說話戒語

你是否有過這種經驗：明明自己像往常一樣說話，等意識到的時候，卻已經惹得對方不高興。小心！問題很可能出在你的「說話方式」上。

無論時代如何演變，「令人討厭的說話方式」自古至今都是一樣的。

在日本的傳說故事中，經常出現一位名為良寬和尚的高僧。他曾提出十六項「戒語」，做為人們說話時的警示。

圖表所列，即為說話容易被人討厭者經常犯下的錯誤。

良寬和尚的建議，也可以充分運用在現代社會中。

說話容易被人討厭的十六項戒語

1	多話、嘮叨	9	喜歡自誇
2	粗暴	10	在私人時間談論公事
3	說話速度太快，表達不清	11	與人說話時，像要吵架的樣子
4	喋喋不休	12	不認輸、喜歡找藉口
5	逕自說明別人沒有提問的事情	13	經常打斷別人的說話
6	說明內容過於冗長	14	欺騙小孩
7	無謂地插嘴	15	文不對題
8	說話不懂收尾	16	容易對他人做出承諾

與人說話時，請避免犯下這十六項錯誤。

雖然對很多人來說，這十六項戒語已屬基本常識，仍應不時提醒自己以避免犯錯。

既然不喜歡別人用這種方式對我們說話，同樣道理，我們也要時時警惕自己，不要如此待人。

情緒控管 5 人際關係

只要經驗夠多，任誰都會變得能言善道

「習慣」對人際關係的影響深遠。因此，對一些存有心理障礙的人來說，建議你別想太多，「豁出去就對了」。

美國愛荷華大學（University of Iowa）心理學系的湯瑪士・波寇貝庫博士，曾進行一項關於「社交」的實驗。

首先，他讓二百五十位年輕男學生進行一項關於**社交焦慮症**（Social Phobia）的心理測驗，希望了解受試者對於「與人交往」、「與人說話」以及「被人搭訕」的恐懼程度後，再區分出「程度高」與「程度低」的兩個群組。

在這個實驗中，所有受試者都是第一次見面。

容易不安的人，只要多說幾次，就能習慣說話！

	第一次	第二次	第三次
不安傾向高的人	25.6	63.0	61.7
不安傾向低的人	37.9	73.2	66.5

※數值代表說話時的「詞彙數量」。

（出處：Borkovec, T. D., et al.）

此外，博士也另以隨機方式，邀請兩群組中的受試者進行三次討論。

而且，三次討論的場地都不一樣。

結果發現，無論兩組中的哪一組受試者，在進行第三次討論時，表達上都會比第一次來得流暢。

許多對人際關係感到不安的人，多半都是自尋煩惱而已。

面對不熟悉的人，也不需要勉強自己主動與對方攀談。

不用想太多，只要鼓起勇氣，豁出去說：「早安！可以讓我加入你們嗎？」前方的道路自然就會為你展開。

或者，也可以拋出類似「今天天氣好像不是很好耶～」這樣的話題，對方自然就會對你做出回應。

很多人一旦實際豁出去之後，就會發現，「原來這也沒什麼嘛！」

人際關係❶ 人際障礙

導致人際障礙的八個原因

許多人際障礙的形成，是因為沒有好好聽對方說話的緣故。只要懂得傾聽，就能有效促進彼此關係的和諧。

有時之所以會聽不進別人的話，可能是下列原因造成的。

請參考以下說明，避免因為犯下這些錯誤而導致**人際關係**受阻。

①會與自己暗地比較

一面聽著對方說話，一面與自己暗地比較。

②重視對方意圖

對對方說出口的話保持質疑。

容易因為想要套出對方內心真正意圖，而忽略最重要的內容。

③腦中不停思索下個話題

雖然對方說話時，會不斷做出點頭附和的動作，但腦中卻一直在想著下個話題。

昨天
啊……
我家的貓
啊……

④喜歡給他人意見

喜歡用自己的道德標準給人建議。或是說話時，總愛用「身為一個上班族啊……」來開場。

⑤喜歡做白日夢

心不在焉，喜歡天馬行空、胡思亂想。

比方說，明明在與人談論工作，腦中卻飄想著晚餐要吃什麼。

⑥認為自己才是最正確的

無論和人討論什麼話題，總認為自己的想法才是最正確的。

這種人是不容易與他人產生共鳴的。

⑦感覺疲累時

當身體感覺疲累，或承受壓力時，也會提不起勁來專心聽人說話。

⑧面臨時間壓力時

有時候臨時被交付有時間壓力的工作，也會因為內心慌張，而無法靜下心來認真聽人說話。

與他人說話時，只要確實避免上述八個缺點，就能成為厲害的人際高手了。

人際關係 ❷ 壓力對策

「無論結果如何都好」的心態調整

會讓人感覺面臨瓶頸的原因，應該就是「壓力」了吧！當然，也可以把壓力視為一種目標或要求。可是，要怎麼做才能輕鬆以對呢？

有關輕鬆看待壓力的訓練方法，美國心智訓練大師詹姆斯・洛爾（James E. Loehr）在其著作《心理韌性》（*Mentally Tough*）中，提到下列五個重要的思考觀念：

①無論結果如何都好；
②將注意力放在工作上；
③要樂在工作；
④就算失敗也還有下次機會；
⑤無論發生什麼事都沒關係。

提升抗壓性的思考訓練

❶無論結果如何都好
❷將注意力放在工作上
❸要樂在工作
❹就算失敗也還有下次機會
❺無論發生什麼事都沒關係

其中，我認為②、③尤其重要。

有些人因為過於在意結果，所以一旦結果不如預期，就會異常沮喪。這也就是心理學上相當著名的「**期待理論**」（Expectancy Theory）。**一旦結果不如預期，其中的落差就會讓自己產生不滿情緒。**

相反地，假如結果高於預期，就會轉變為開心的情緒。

比方說，一些以追求一百分為目標的人，如果只考了九十八分，這兩分的落差，就會讓他耿耿於懷，心生不滿。但如果讓只追求七十分的人考了九十八分，這當中的落差就會為他帶來正向喜悅。

人際關係 3 消除壓力

遇到瓶頸時，請花一分鐘眺望遠方風景

蘇格蘭海華大學的組織行為學教授阿爾弗來德・基南，曾找來八百名年輕工程師，協助進行「造成壓力」的主因研究調查。

從阿爾弗來德・基南教授的調查發現，造成壓力的最大主因，是來自人際關係的衝突，占了十六・二%。

其次則是自己的工作品質，占了十五・四%。

第三是工作數量，占了八%。

第四是薪資、工時、年休等相關雇用條件，占了六・九%。

第五是自己的地位，也就是職責、位階等，占了四・三%。

其實，有一種能快速解除**壓力**的簡單方法，就是**眺**

造成壓力的原因

人際關係的衝突	16.2%
工作品質	15.4%
工作數量	8.0%
雇用條件	6.9%
職責、位階	4.3%

（出處：Keenan, A. & Newton, T. J.）

望遠方風景。

這是認知治療（Cognitive Therapy）裡，經常使用的方法。藉由改變「眼睛視焦」來改變「心理機制」，具有相當的效果。

此外，根據心理學的研究顯示，當內心處於焦躁情況下，與其看三角形、四角形等直線構成的物體，倒不如**看圓形、流線形的物品，更容易讓情緒穩定下來**。

倘若視線所及之處只有建築物的話，最好尋找有弧線造型的建築。

順帶一提，當你在辦公室感到怒氣難抑時，還有一個轉移情緒的妙招，就是先選定一個目標物，再仔細推算從自己座位到目標物有幾步距離。

這也是認知治療裡，經常使用的方法之一，其原理是根據人類在一種情況下，只能處理一件事情的特性，再藉此反向操作。

換句話說，**只要把注意力轉移到其他事物上，就能順利轉移怒氣焦點**。

消除壓力 1 記錄法

寫日記是消除壓力的好方法

無論是壓力，還是煩悶的心情，都能藉由書寫來獲得改善，這在心理學上是相當合理的作法。書寫甚至對穩定血壓、調節免疫系統等，也相當有幫助喔！

灰塵會在無形中不斷堆積，如果不及時清除，將會愈積愈多，惹來嚴重後果。

壓力也是如此，所以一定要適時消除累積在心裡的壓力才行。

話雖如此，若用每晚喝兩杯的方式來消除壓力，也只是傷肝、傷胃而已。所以，一定要選擇清新、健康的方式。

在此，我想向大家介紹一個好方法，而且執行上非常簡單，就是**只要準備筆和紙，盡可能把自己的所有情緒寫下來就可以了**。

比方說，「○月○日，今天那個△△客戶真是讓我厭惡到極點。尤其他的眼神更是令人噁心。下次再讓我遇到他，一定要打到他滿地找牙！」

像這樣，一五一十地把自己的心情寫下來。寫完後你會發現，怎麼自己的心情突然變得舒坦起來，這就是精神的**淨化作用**。

美國德州達拉斯市南衛理公會大學的心理學家──傑姆斯．貝尼貝卡博士指出，**每個人一天只要花十五至二十分鐘將壓力寫在紙上，連續三至五天之後，就能消除掉大半的壓力**。

他還進一步指出，將**壓力**寫在紙上，不只個人主觀上會覺得「心情舒坦」，也能實際為血壓、免疫系統等生理狀況帶來正面效果。

如果不想寫在紙上，也可以寫在自己的部落格中，像是「今天遇到了這種令人討厭的傢伙……」等，同樣具有效果。

甚至，你還可能因此收到有過類似經驗，或是相同困擾者的來信鼓勵也說不定。

消除壓力可說是邁向成功的第一步呢！

消除壓力 ② 防止不安

獲得愈多支持，愈容易穩定心緒

內心容易感到不安，通常是較少得到旁人支持的人。反觀一些人際關係圓融、發生問題時能立即得到援助的人，他們的情緒多半比較穩定。

美國加州大學（University of California）的心理學教授狄恩．賽蒙頓，在調查二千零二十六位知名科學家及發明家的人際背景後發現，幾乎沒有人是倚靠自己就能成功的天才。

即使是天才，背後也一定有犧牲奉獻的父母，或是值得遵循的榜樣。正因為他們得到「旁人的支持」，才能獲得顯著的成就。

如果缺少旁人的支援，很容易陷入委靡不振的狀態。

此外，從賽蒙頓教授的研究數據也發現，支持天才的最大功臣是「父母」或「行使父母角色的人」，得分為二十一．六；其次是「朋友」，得分二十．九；第三是「對手」，得分二十；第四是「優秀的前人典範」，得分十八；最後則是「老師」，得分十七・六。

所以，**當你覺得無法靠自己解決問題時，請立刻向周圍的親友求助吧！**

千萬不要覺得這麼做是丟臉或悲慘的事，這可是策略性**控管情緒**的好方法呢！

當然，如果想在請求他人援助時，對方也能樂於對你伸出援手的話，**平時人際關係的經營就很重要了**。

倘若自己平常態度傲慢、待人毫不友善，一旦自己真的遇到困難，想必也沒臉開口說出「我想請你幫忙」這句話吧！

因此最好的作法，就是平時要親切對待身旁所有的人。

至於一些自己在生理上無論如何就是無法接近的人，只需盡量避開就好。

消除壓力 ③ 擺脫低潮

活動身體能有效對抗憂鬱

當人們處在低潮狀態，會不想活動身體，好像整個人都失去了活力。可是，積極活動身體卻能有效脫離低潮狀態。只要動動身體，心情也會跟著改變。

根據瑞士伯恩大學（Universität Bern）精神學科的齊格弗里德・福雷教授研究顯示，**「憂鬱狀態」與「身體活動」具有相關性**。

福雷教授錄下憂鬱症患者們的日常生活，調查他們「身體活動狀況」與「脫離憂鬱狀態」的相互關係。

結果發現，不太活動身體的人，其復原率為三十一・〇四％。

相較於這個數字，經常活動身體的人，其復

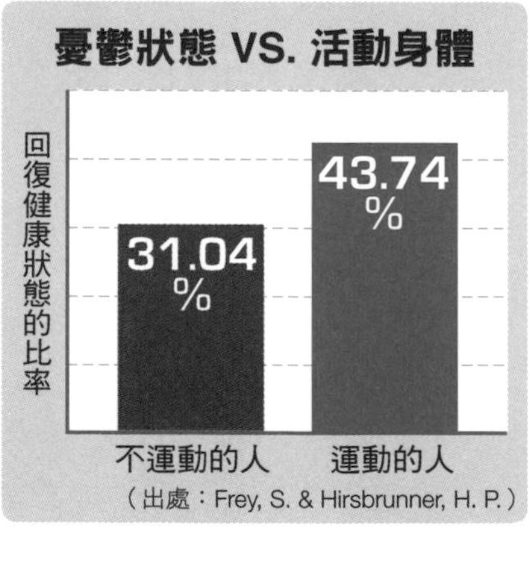

原率可高達四十三・七四%。

由此可知，只要多多活動身體，就能消除掉大半的憂鬱狀態。

可是，當人們處在低潮狀態時，都不會想活動身體。或是遇到煩惱時，感覺身體似乎也會變得虛弱，體力變差。

不是有很多心理疲憊的人，假日都只想躲在家裡，或是躺在床上，什麼事都不想做、哪裡也不想去嗎？

其實，只要試著積極活動身體，很快就能度過低潮狀態。**藉由活動身體，就能明顯轉換、改變心情**。若是持續躲著不動的話，可是會一直低潮下去喔！

所以，下次面臨工作困擾，或是與客戶交涉不順時，千萬不要把這種情緒帶回公司或家裡。

很多人在這種情況下，都會想要趕緊攔輛計程車，逃回公司或家裡，但這時更應該要活動身體。建議你不妨嘗試快走，或者跑步也是很好的方法之一。

往後如果遇到不開心的事情，就先跑步去吧！

重振技巧 ❶ 積極休息

比起「被動休息」，「積極休息」更具效果

大家都知道，身體疲勞時需要休息。但如果是心理疲勞的話，利用散步、瑜伽、伸展體操等積極運動，也能有效消除疲勞喔！

缺少幹勁、沒有活力，或是強烈的疲勞感等，都是身體發出「想要休息」的訊號。這時候，是否只要躺著休息就能消除疲勞呢？倒也不見得。

一般來說，閱讀、深呼吸、閉著眼睛、放空呆望電視等，只能稱為「**被動休息**」。這種休息只能消除輕微壓力，如果是嚴重壓力的話，就要採取「**積極休息**」了。

所謂「**積極休息**」，就是指散步、瑜伽、伸展體操、釣魚或是倒立等運動。其主要作用在於，透過**積極運動身體來消除內心的疲勞**。

有時，當身體處在過度疲勞的狀態下，即便早早上床睡覺，也很難順心入眠。這麼一來，不管是生理還是心理疲勞，都無法順利消除。一覺醒來後，還是感到強烈的無力

與沉重。

假如你有上述狀況，建議你不妨在鑽進被窩前，做些簡單的伸展體操，或其他的輕鬆運動。這不僅可以幫助你進入熟睡狀態，疲勞感也不會殘延到隔天。

或者，如果能先好好地泡個澡，之後再做個十五分鐘伸展體操的話，也能積極趕走疲勞。

有關伸展的運動很多，下列我們就來介紹由美國哈佛大學（Harvard University）所開發出的訓練方法。

這套方法的原理很簡單，只要先製造肌肉的緊張感後，身體自然就能達到放鬆狀態。**當然，一下子要身體做到放鬆並不容易，所以必須先在前半階段製造身體的緊張感，之後才能輕易達到放鬆**。

比方說，突然之間被要求「放鬆手臂」，恐怕很難做到吧！但如果先「用力握緊雙拳，並忍住十秒」，接著再「放鬆雙拳」的話，雙手自然能在瞬間達到放鬆。

從今天開始，不妨利用工作空檔，或是回家後，自己進行這項訓練。每個星期大約只要進行兩到三次，這麼一來，再僵硬的身體也能懂得如何放鬆了。

比起單純躺著不動的休息方式，透過這樣的訓練，更能有效放鬆身體。

透過身軀活動舒緩精神疲勞的身體運動

步驟1 請找一個安靜的地方，坐在椅上（如果是在辦公室，就請靠著牆面，或是選擇附有靠背的椅子），閉上眼睛，進行數次腹式呼吸。

步驟2 雙手慢慢向前抬起，伸直，用力握拳，忍住持續十秒後，再放鬆拳頭。同樣動作請重複三次。

步驟3 如同聳肩般的用力緊縮頸部周圍肌肉，忍住持續十秒後，再放鬆頸部周圍肌肉。同樣動作請重複三次。

步驟4 將胸部及腹部適當地用力挺直，使其呈現緊繃狀態，忍住持續十秒後，再瞬間放鬆。同樣動作請重複三次。

步驟5 如同前述步驟，請依序完成大腿、小腿及指頭等十秒鐘緊張、十秒鐘放鬆的運動。

步驟6 最後，請舒服地放鬆全身肌肉，並做完一個大大地深呼吸後，再張開眼睛。

重振技巧 ❷ 理想形象

人際關係的相處祕訣在於「尊重」

「受人喜愛」的性格其實差別不大。一個受人喜愛的人，任誰都能輕易接受他；但一個令人討厭的人，也很容易遭受徹底嫌棄。

心理諮商中心的經營者，同時也是心理學博士的艾吉．佐登指出，容易受人喜愛的人，具有下列四種人格特徵。

換句話說，這也是容易受歡迎，讓人在與他相處時感到自在、舒適的**理想人物樣貌**。

① 如實接受對方的一切

即使不做任何改變，也願意接受對方一切的態度，容易受人喜愛。

受人喜愛的四種人格特徵

❶ 如實接受對方的一切

❷ 表現大方

❸ 對他人感到好奇

❹ 喜愛對方

（出處：Jordan, A.）

②表現大方

除了金錢之外，也樂於付出自己的時間、精力。常聽人說：「待人誠懇的人，比較容易受人喜愛。」就是這個道理。

③對他人感到好奇

必須讓對方清楚知道，我們對他的行為、興趣、嗜好以及才能等感到好奇。換個角度想，如果別人對我們表示好奇，想進一步與我們聊天的話，應該也會覺得開心才對！

④喜愛對方

「我喜歡你」，當我們聽到別人對自己說出這句話時，只要不是生理上特別厭惡的對象，應該都不會覺得討厭才對。

無論是被同性或異性喜愛，都會覺得很開心的。

基於此，我們得出的結論就是「**必須尊重每一個人**」。

重振技巧 3 獲得同感

修復破裂關係的有效技巧

如果與人發生嫌隙，請盡可能找機會「與對方說話」，這點非常重要。但有些人無論如何就是拉不下臉來怎麼辦？別擔心，還是有辦法解決的！

美國普度大學的心理學家羅伯特．巴隆教授，曾設計一項關於「修復關係」的實驗。他讓兩個人針對公司的「新產品」以及「搬家地點」進行討論。

其中一位是巴隆教授刻意安排的對象，專門用來反駁另一人的想法，目的是要讓他產生不愉快的情緒。之後的休息時間，再看看兩人要如何修復彼此的關係。

面對因對方不斷挑釁而感到憤怒的人，到底有哪些方法可以讓他消除心中的怒氣，彼此言歸於好呢？

巴隆教授透過下列三個方法來測試成效。

第一個方法是「送禮」。

比方說，主動詢問對方：「你要不要吃這個？」拿出巧克力或果汁等，看看能否緩和對方的情緒。

第二個方法是「**引發同感**」。

比方說，向對方表示：「因為我最近比較忙，火氣可能大了點，剛剛應該也是如此，真的很抱歉！」用這個方法來平復對方的情緒。

第三個方法是「**幽默策略**」。

就是和對方談論完全不相干的話題，盡可能讓他對這個新話題產生興趣，轉移他的情緒。

試驗結束之後，再詢問原先被激怒一方的實際感受，以及由負面情緒轉為正面情緒的程度。

結果發現，以第二個方法「**引發同感**」的效果最好。

由此可以得知，**只要向對方說明自己反駁他的理由，很容易就能取得對方的理解與釋懷**。

自我表現技巧　提升好感度

和平待人處事的九個技巧

想在職場上生存，「待人處事」非常重要。只要懂得掌握這項利器，做到待人處事圓融，即便偶爾發生小錯誤，也比較容易得到對方的諒解。

和平待人、圓融處事的九個技巧：

①巧妙地與對方意見「同調」

懂得適時贊同對方的想法，而非一味地反駁。

②若無其事地表現「關心」

比方說，幫對方的香菸點火、按摩對方僵硬的肩膀等。

儘管不容易，不妨就從這些小地方開始訓練吧！

③保留內心真正想法的「自我壓抑」

突然接到莫名其妙的任務，到底要回答「好」還是「不好」呢？

這時，「不要想太多」就是訣竅所在。

④從對方表情解讀內心的「讀解力」

當主管說「這個」、「那邊」、「那個」時，就要馬上知道他指的是什麼。

⑤清楚做出判斷的「客觀性」

所謂「客觀」就是模糊、曖昧的態度。記住，「圓融」是職場生存的基本原則。

⑥可以自由表現各種情緒的「形象操作」

像是生氣、哭泣、悲傷等表情，要把自己訓練到隨時都能表現出來的地步。

⑦維持態度平和的「情緒穩定性」

想要穩定情緒，最重要的，就是不要過於勉強自己。

「忍耐」對精神健康來說，是一點用處都沒有的。

⑧傳達彼此心事的「親密性」

想要讓人對你產生親密感，以「私底下的談話」效果最好。

⑨話題豐富且靈機應變的「機智」

話題必須多樣、廣泛。如果只是表面的膚淺常識，很容易就會被對方看穿。

忍耐！忍耐！
我不是說不要加紅蘿蔔嗎！

心理小講座 ……… 9

成功管理者
共同具備的性格

美國紐約康乃爾大學的瓊·布德羅教授，他以歐美的高階管理人員為對象，調查職場成功與性格的關係。

他發出一千八百八十五份問卷，回收率為 19%。

問卷內容包括年收入、職位、合約達成率，以及工作上的樂趣等。

此外，針對性格傾向的調查，同時也請作答者回答下列五個問題，分別是：①神經質傾向；②外向；③心胸是否開放（對新事物的好奇心）；④性情溫和；⑤目標的認知程度（對目標是否有明確認知）。

結果發現，成功的管理者之間，具有某些共同的傾向。

首先，是愈外向的人，愈容易獲得成功。特別是在歐洲各國，愈外向的人，其成功機率愈高。

其次，神經質傾向愈低的人，不僅年收入高，其位階也愈高。換句話說，愈能相信他人的人，愈容易成功。

最後，性情溫和的人，比較容易成功。這可能是性情溫和的人，能與任何人相處融洽的關係，所以對工作的滿足感也比較高。

歐美管理階層人員的共同性格

❶ 外向

❷ 神經質傾向低

❸ 性情溫和

（出處：Boudreau, J. W., et al.）

心理小講座 ……… 10

「智力」與「性格」的關係

智力高低
（語言能力、數學能力、寫作能力）

- 不說謊的人，其智力較高
- 易怒的人，其智力較低
- 對於新經驗、新知識，採取開放態度的人，其智力較高
- 性情過於溫和（八面玲瓏・得意忘形）的人，其智力較低
- 立即遵從他人意見的人，其智力較低
- 憂鬱程度高的人，其智力較低
- 自我意識過高的人，其智力較低

（出處：Austin, E. J., et al.）

常聽人在形容某人的頭腦好，或是某人的頭腦不好。

頭腦好也意謂著智力好。可是，這與性格又有什麼關連呢？

英國愛丁堡大學的心理學家伊莉莎白·奧斯汀，曾針對這項主題發表過一篇有趣研究。

奧斯汀根據語言能力、數學能力以及寫作能力等，來推算研究對象的智力。

此外，他也請研究對象接受各種心理測驗，以檢測其性格特徵與智力的關係。

結果如表所示，不說謊者的智力較高。

以往會說謊的人常被認為智力較高，其實不然。

還有易怒的人，其智力也較低。換句話說，能控制自己怒氣的人智力較高。

另外，憂鬱程度高的人，其智力也較低。

其他像是有容易後悔、自我意識過高、八面玲瓏、得意忘形等特質的人，也都有智力偏低的傾向。

如果遺憾地，自己也屬於上述其中某項的話，透過有意識的改變，或許有機會讓頭腦變好也說不定。

Chapter

6

將個人能力發揮到極限

突破自我的心理技巧

在運動世界裡，所有能夠成為奧運選手的人，
其實他們的實力都不相上下，這是眾所皆知的事！
可是這麼一來，要如何才能決定勝負呢？
這得靠每個人心智（內心）的堅毅程度。
既然身為選手，就要對自己能夠奪得金牌深信不疑，
即使發生一些小失誤，也要具備馬上恢復鎮定的能力。
總之，愈能「控制心智」的人，愈能提升自己的實力！

自我控制 ❶ 自我暗示

想像愈具體的人，愈容易成功

有句話說：「人類只能在自己想像得到的範圍內成功！」確實是如此沒錯。要讓完全無法想像的事情成功，那幾乎是不可能的！

據說，日本棒球界的超級巨星長嶋茂雄，在他還身為職棒選手的時候，每天睡覺前一定會想像這樣的畫面：

「明天的比賽我要有四個打數、四支安打、四分打點。守備方面也要有精彩表現，讓球迷看得開心！」

有些人會對長嶋的想像畫面這麼具體而感到驚訝。可是，**如果成功畫面是模糊不清的話，是不可能有成功機會的**。

美國密西根大學（University of Michigan）的心理學家芭芭拉．弗莉莎，為了調查個人是否擅長想像，以及想像畫面的清晰度等，而將受試者分成三組，分別是：

①擅長想像的一組（想像時，如果連說話聲音、味道等都能一併想像的話，就屬

於擅長想像）。

②不擅長想像的一組。

③無法自發性做出想像（不太能對人的臉孔進行想像）的一組。

她讓這三組受試者進行「測量想像力」的心理測驗。

結果發現，擅長想像的一組，其想像力的測驗得分也最高。

腦海中的想像畫面愈清楚，其自我暗示的效果也愈強。而且，這個方法必須透過訓練才做得到。

那麼，到底該做哪些訓練才好呢？

比方說，可以先看著窗外風景，再閉上眼睛。然後在心裡問自己：「能否清楚想像出剛才看到的畫面？」這時，腦中會浮現如同相機拍下般的景色。

雖然這是培育間諜時會用到的「**想像訓練法**」，若能運用這個方法進行自我鍛鍊，想像力一定也會驟然提升。

自我控制 2 做白日夢的習慣

常做白日夢能訓練彈性思維

心態年輕、能清楚表達個人夢想者，比較容易產生獨特的想法。原因在於，愈是沒有壓力的輕鬆狀態，愈能順利吸引成功的到來。

美國俄亥俄大學（Ohio University）心理學教授史帝芬．狄恩，曾進行一項關於「思考」的研究。

他試圖調查個人發明家，以及多位擁有多項專利者，他們的思考習慣。

他以一千四百零三位被認為是具有豐富創意的人物、科學家，以及專利所有權人等為對象，希望了解他們的日常生活習慣。

結果發現，在他們的彈性思維裡，最明顯的特徵之一就是有「**做白日夢的習慣**」。而且與人說話時，腦中也會不時浮現栩栩如生的畫面。

擁有這項習慣的代表性人物，就是被譽為全能天才的李奧納多．達文西。據說他在與人聊天或思考事情時，腦中一定會浮現想像畫面。

由於他擅長繪畫，還會順手畫出浮現在腦中的畫面。

由此可見，**如果想訓練彈性思考的能力，首先必須培養「做白日夢的習慣」**。

此外，狄恩教授從調查中也發現，習慣做白日夢的人，比較容易產生異於他人的獨特想法。

看來，能夠產生獨創性想法的人，似乎與做白日夢的習慣有著緊密關係。

但另一方面，這也與「不輕易相信常識」的習性有關。

所以，習慣做白日夢的人，也比較容易想到一般人想像不到的點。

一些會因為遇到瓶頸而感到痛苦的人，或許就是因為他們沒有養成利用大腦來做白日夢的習慣吧！

自我控制 ❸ 消除壓力

透過「想像訓練」來對抗壓力

其實，許多不安和壓力都源於自尋煩惱。話雖如此，不安還是存在心裡無法消除。所以，了解「消除不安」的方法非常重要。

當心裡承受不安或壓力時，腦中會被負面思想所占據，讓人感到束縛。不管做什麼事情，好像都不順利。

面對這種情況，我想介紹由P．克理明特（P. Clemente）所提出的「太陽與積雨雲」訓練法來改善。

首先，請選擇一個能讓身體感覺舒適的場所，閉上眼睛，慢慢地深呼吸。

接下來，在腦中想像一面全白的畫布；而且

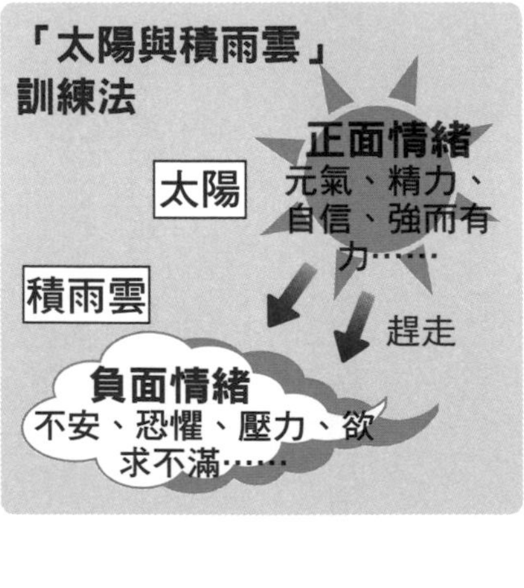

畫布中，不斷堆積翻滾上來積雨雲。

之後，想像太陽緩緩從雲層中露出了臉，彷彿要將積雨雲推開般地愈來愈大。最後在耀眼的陽光下，積雨雲逐漸消散至看不到了。整個畫面只剩下蔚藍的天空，以及令人目眩的太陽而已。

就像這樣，請在腦中試著進行上述畫面的想像練習。

藉由這樣的暗示方法，**可以讓象徵正面情緒的「太陽」，趕走象徵負面情緒的「積雨雲」，在內心產生激勵勇氣的效果**。

剛開始練習時，請連續重複五次。這麼一來，就能幫助你喚回自信與活力了。

突破 1 跳脫瓶頸

只有不放棄的人，才能突破瓶頸成長

若用圖表來表示人們突破瓶頸的狀態，肯定不會是漂亮的上升曲線。不同於一般學習曲線，突破瓶頸的曲線通常呈現階梯狀的上升曲線。

一般來說，突破瓶頸的曲線是呈現「階梯狀」的上升曲線。而階梯的中段平台，則是代表停滯狀態。

在這個階段，無論再怎麼努力也看不出成果。可是，只要跨越到某個階段後，又會呈現爆發性成長，衝破原有狀態，**突然之間突破了瓶頸**。

等到下次遭遇瓶頸時，又會再度呈現暫時停滯的狀態。同樣地，這時不管再怎麼努力，也不會有所成長。

但如果因為這樣就放棄的話，下個突破就永遠不會到來。

由此可見，**一些能夠不斷突破瓶頸的人，一定是處於停滯期，也能做到不氣餒，並且持續努力的人**。

只是在心理學上，我們無法預測這個**停滯期**可能停留的時間長短。

關於「停滯期」，心理學也做過許多研究。

有的心理學家認為，如果沒有經歷忘卻先前苦心研究的「忘卻期」，就不會有「爆發期」的出現；但也有心理學家認為，只要竭盡腦汁思考，「爆發期」終究會出現……眾說紛紜，至今仍尚無定論。

以我個人來說，會比較傾向主張「忘卻理論」。因為從人類數學能力的演進來看，也與這個理論頗為近似。

比方說，假設今天解了十道數學題目，是否就代表今天累積了十道題目的實力呢？

當然不是！

即使你連續兩、三個月不斷演練題目，成績也不見得會因此好轉。

不過卻可能在某天，你莫名發現自己的數學怎麼突然變好了！就是這個道理。

著名的英國科學家艾薩克·牛頓（Isaac Newton）也有面臨瓶頸的時候。

那時他放下手邊一切研究，發呆了一整天，結果腦中竟彷彿天使降臨般靈光乍現，同樣是這個道理的緣故。

突破 ❷ 嘗試與錯誤

突破瓶頸需要不斷「嘗試」與「嘗試錯誤」

很遺憾，世界上沒有一種方法可以用來突破各種瓶頸。所以，請盡可能多方學習各種突破瓶頸的方法，才能因應不同狀況，靈活運用。

我們必須知道，任何事情都要經過「嘗試」與「嘗試錯誤」才能完成。

一定要先選定某種方法，等嘗試後發現失敗，再嘗試其他的方法，如此一而再、再而三地重複這樣的過程。

其實，**嘗試錯誤**也有「高明的人」與「笨拙的人」之分。

對高明的人來說，他會同時準備其他選擇，一旦問題發生時，很容易就能找出錯誤所在。

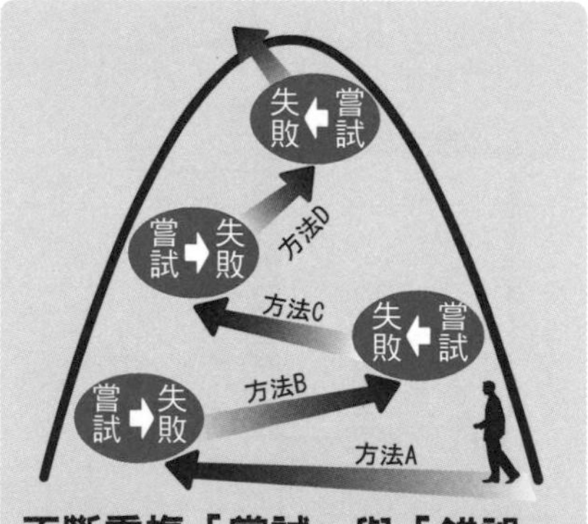

不斷重複「嘗試」與「錯誤」

當他事後檢討時，由於已經找出失敗原因，所以很快就能找到因應的對策。

坊間許多就業雜誌都有建議，認為三十歲以前更換工作的次數，不應超過三次，而且說法都相當篤定。

但我倒不這麼認為！

如果年輕人想要嘗試各種可能性的話，一旦發現工作不合適，就應立即離開，多方尋找適合自己的工作才對。

過去，人們總是忽略**嘗試錯誤**的重要性，甚至還會加以斥責。但這對現代人來說，卻有它存在的必要性。

現代人經常面臨各種選擇，讓他們對未來該走的路感到茫然，不知所措。如果不幸處在這種情況下，那麼不管當下再怎麼想，還是不會有答案的。

因此，還是先跨出第一步再說！

如果跨出去後，發現此路不通也沒關係，只要再回頭走別條路就可以了。

現代人一定要有勇於**嘗試錯誤**的精神，這才是突破瓶頸的最強武器。

突破❸ 持續力

只要感到快樂，就會產生持續的動力

想要找到適合自己的「天職」，「動機」非常重要。只要能從工作中得到快樂，相信無論多久，一定都能持續下去的。

為什麼要做到「持續」這麼困難？

很簡單，因為「努力」其實是件很乏味的事。所以，**對付出努力的人來說，如果無法從中得到「快樂」的話，就很難再持續下去**。這道理就如同身為棒球選手，卻無法享受揮棒的樂趣一樣。

工作也是如此。

請各位捫心自問：「我是否能真正快樂地投入在自己的工作上呢？」

人們對於自己所做的事，只要能從中得到快樂

進入聖域的三項必要條件

❶完全放鬆
（不讓身體承受多餘的緊張感）

❷高度自信
（相信自己絕對做得到的自信）

❸集中力

的話，無論多久都能持續下去。

同樣道理，如果能專注在眼前該做的事情上，這樣的狀態不僅會讓人放鬆，還能激發內在潛力，做出最好的表現。這在心理學上稱為「**聖域**」（Zone）。

美國運動心理學家卡連．舒葛曼從諸多研究資料中，歸納出達到**聖域**的三項必要條件，分別是：

①完全放鬆，不讓身體承受多餘的緊張感；

②相信自己絕對做得到的高度自信；

③集中力。

一般來說，人們會進入**聖域**狀態，多半是在從事開心事情的時候。

所以從現在開始，請牢記自己「投入興趣時」的情境，並在工作時，清楚回想起這個畫面。藉由這樣的訓練，很快就會進入工作的聖域狀態。

強化心志 ❶ 放鬆

與其說「鎮定」，「沒關係」更能穩定情緒

有時處在情緒緊繃的狀態下，如果聽到有人對我們說「鎮定」時，反而會更無法鎮定下來。但如果聽到「沒關係」三個字，竟會不可思議地產生安撫力量。

一九八二年一月十九日清晨，一架正準備降落在韓國金浦機場的大韓航空波音七四七客機，因著陸失敗而引發事故。

事故發生之後，日本心理學家三隅二不二與佐古秀一訪問當時機上乘客：「事故發生時，空服員說的哪句話，最能穩定你的情緒？」

結果有六十七％的人回答：「聽到『沒關係』時最感到安心。」

「沒關係」這三個字具有放鬆緊繃情緒的效果。

「我不擅長在眾人面前演說，但……沒關係！」

「一下子要我投入業務工作好可怕喔，不過……沒關係！」

「要在公司主管面前發表自己的意見真是緊張，但是……沒關係！」

沒關係～
鎮定！

像這樣，試著對自己做出暗示吧！

雖然相較之下，由別人對自己說出「**沒關係**」會比較好，但自己對自己說「**沒關係**」還是有大幅穩定情緒的效果。

要是這麼做還是無法穩定下來，就請一直重複念著「**沒關係**」，直到情緒穩定下來為止。

不管是一百次或兩百次，只要不斷在內心唸著「**沒關係**」就對了。

記住！當你在進行自我暗示時，一定要相信它所帶來的效果。

更重要的是，千萬不要做出負面暗示。

比方說，「沒關係！……雖然我很想這麼告訴自己，但還是好恐怖喔！」這樣反而會強化「恐怖」的部分。

我覺得進行暗示時，「鎮定」這個詞不太好。

因為「鎮定」也意謂著「此時的自己『不鎮定』，所以才要叫自己鎮定」這層負面涵義。

這麼一來，可能會在無形中深化負面效果也說不定。

強化心志 2 直覺力

提高直覺力、想像力的「I think 法」

心理學上，將「掌握自我情緒及內心」的狀態稱為「自我意識」。如同觀察他人時一樣，也請「自我檢視」本身的狀態吧！

所謂的「**自我意識**」，如同字面所述，就是自己對自己的認知。

具體來說，就是自己能像第三者一樣，有反過來觀察自己的能力。

「我現在的情緒如何？」

「別人是怎麼看現在的我呢？」

類似這樣，**透過不斷自問自答，可以幫助自己提高自我意識**。

一旦養成「自我檢視」的習慣，就能清楚知道自己當下正處於什麼樣情緒，像是「啊～我現在正在生氣」、「我現在好快樂」等，才能夠自我掌控。

想要提高**自我意識**，有個任誰都能簡單做到的訓練法，就是「**I think法**」。

方法很簡單，只要刻意將「我的想法是……」、「我是這麼想的……」等說出口，讓自己清楚知道自己的想法和情緒就可以了。

「『我』今天一定要打起精神做……」

「『我』今天中午最想吃……」

總之，就是一面思考，一面說出自己的想法。運用自我對話的方式，清楚確認內心真正的想法。

這個方法就像是兩個在對話的人一樣，只不過是自己在腦海中和自己說話，所以也稱為「**內在對話法**」（Inner Dialogue）。

透過這樣的訓練，不僅可以練習情緒的控管，也能鍛鍊直覺力、想像力以及企劃力等，在心理學上被視為相當珍貴的能力。

強化心志 ❸ 情緒力

鍛鍊堅強情緒的三個要素

情緒就像肌肉一樣，愈訓練會愈強壯。換句話說，不經鍛鍊的情緒，就像偷懶沒練的肌肉一樣，不僅鬆垮，還不堪一擊。

美國心理學家詹姆斯・洛爾博士認為，情緒就像肌肉一樣，愈訓練會愈強壯。

心理學上有個稱為「心理韌性」的專有名詞，**意指想要提高內心韌性的話，最理想的方法，就是像鍛鍊肌肉一樣地訓練情緒**。

洛爾博士更進一步提出，所謂「情緒」，其實包含「反應」、「強度」、「抵抗力」這三個要素。

如果想要鍛鍊情緒，就不能偏頗某種特定

訓練，必須均衡配合，從整體鍛鍊，才能磨練堅強的心性。

①鍛鍊情緒的「反應」

這裡說的「反應」是指生動、豐富的情感。想要鍛鍊情緒反應，就要融入連續劇或小說主角的情緒，跟著他們一起哭、一起笑。

②鍛鍊情緒的「強度」

刻意讓自己處在感受壓力的危機狀態，讓自己習慣與壓力相處。

③鍛鍊情緒的「抵抗力」

不管悲傷或失望，都要想辦法讓自己在一天之內，恢復到原來狀態。

目標設定 1 設定原則

實現願望前，先了解「設定目標」原則

擬定行動計畫之前，請先確實設定好目標。如果目標模糊不清，想要達成並不容易。

設定目標時，請至少遵守下列五項原則。

如果無視這五項原則所建立的目標，是很難達成的。

①合乎現實

設定目標時，千萬不要過於理想化，這點非常重要。

比方說，「想當總統」、「想成為受人尊敬的人」……如果是長期目標倒還無所謂，但如果是短期目標的話，就過於模糊不清了。

②具體

目標必須具體，切忌抽象。

比方說，「想在國外工作」這種目標就太過抽象，無法讓人提起幹勁。但如果像

「想在上海工作半年以上」這種目標，就非常具體。

③行為導向

若是有關「精神狀態」的目標，像是「振作」、「熱情待人」等，就不能設成短期目標。因為這麼一來，自己也不知道要從何努力起。

但如果真要將「精神狀態」設成目標，如「熱情待人」等，就要以具體行動來表示。比方說，「主動和人打招呼」或是「大聲回話」等。

④可以量測

目標必須是可以量測的。

如果目標無法量測，就無法檢視自己進步多少，也無法檢視自我管理的成效。

⑤決定達成時間

最後，必須決定達成目標的時間，這點非常重要。

如果不確實訂出時間，很容易一拖再拖，永遠都無法達成。

仔細評估，看看自己希望在兩個星期後達成，還是一個月後達成？一定要事先設下期限，才能在期限內擬定適當的行動計畫。

假如是短期的目標，一旦將時間設定超過三個月的話，就會顯得太過遙遠而讓人失去幹勁。

所以，請盡可能擬定能在兩個月內實現的目標。

記住！一旦計畫擬定之後，就要確實付諸行動。

無論你目標設定得多麼偉大、多麼有意義，如果沒有確實執行或貫徹的話，永遠都不會有實現的一天。

造成壓力的原因

1 合乎現實

2 具體

3 行為導向

4 可以量測

5 決定達成時間

目標設定❷ 修正目標

目標要不斷修正，才能順利進行

一旦設定目標後，就要將重點放在「檢視」與「修正」上。其實，目標只是一個為了實現某種目的的工具，完全無須從頭到尾保持一致。

原則上，我們在開始行動前，都會習慣設定一個理想目標。可是很多時候，一旦開始付諸行動，就會發現當初設定的目標，其實存在著許多不周全的地方。

這時，就有必要立即修正目標。

修正目標有助於「加深記憶」，而且在每一次的修正過程中，都會產生新的氛圍。同時，也更能意識到計畫可能帶來的效果。

有些人會刻意將目標寫在紙上或牆壁上，但即使這麼做，還是經常有人漸漸忘記當初設下的目標。

如果沒有不斷修正目標，就會使得原先設定目標的效果變得薄弱。要是執行過程中出現太多窒礙難行的情況，久而久之，就會因為覺得麻煩，最後可能就放棄了。

此外，有些目標雖然剛開始看似困難，**只要在執行過程中，一面修正，一面逐步完成階段性小目標的話，終將達成原先設定的大目標**。

記住！「修正目標」具有下列兩項優點：

①客觀掌握行動計畫的效果。

②對目標保持新鮮感。

最不理想的情況，就是完全不對目標做任何修正。

既然是「目標」，它就是尚未發生的「假定」狀態，所以會有不斷修正的情況也是很正常的。

一些三分鐘熱度的人，問題可能是出在他們對自己的目標太過嚴苛，只要一想到還要修正，就覺得：「算了，還是放棄好了！」

這種情況下，千萬不要給自己太多思考或猶豫的時間，一定要迅速修正，讓幹勁得以持續下去才行。

目標設定 ❸ 提升幹勁

利用累計圖來迅速提升幹勁

為了確認自己是否更貼近目標一步，可以製作檢視表來加以評估。但這時不應使用一般的「直條圖」，而要使用「累計圖」。

如同字面所示，**累計圖**是不斷加總先前數值所製作而成的圖表。基本上，圖表曲線是不會呈現「下降」的。

如果換成別種圖表，譬如折線圖、直線圖等，其顯現出來的成果，就很有可能是下降或減少，而這也會讓我們的幹勁迅速消逝。

有鑑於此，還是利用曲線會不斷向上攀升的**累計圖**比較合適。

我們藉由上方的實際累計圖來看，會比較容易理

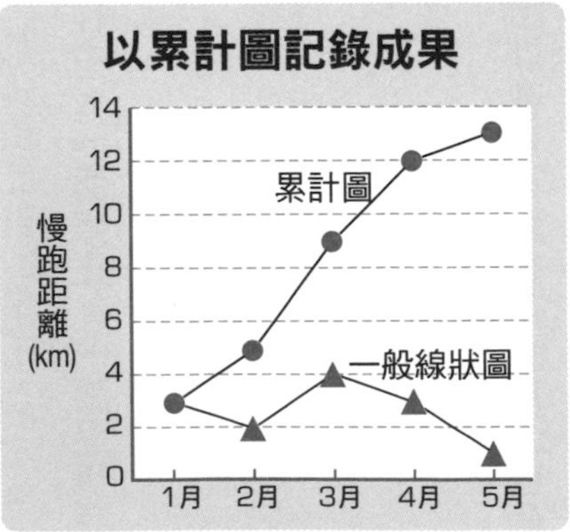

解。這是開始進行慢跑運動者的每日跑步距離。

其中，X軸代表月分，Y軸代表距離。

如果將上述資料用一般圖表來看，五月分幾乎是沒有在跑步的，尤其三至五月這段期間，曲線明顯下滑。

看到這樣的圖表，很容易讓當事人產生「我想我還是不要繼續下去好了」的消極念頭，也會讓幹勁瞬間冷卻、消失。

可是，如果將同樣一份資料，換成以累計方式呈現的話（例如：二月份的累計數值＝一月份的三公里＋二月份的二公里，總計五公里），**曲線仍會向上攀升**。這麼一來，自然就能激發幹勁了。

目標設定 ❹ 分割目標

目標設定盡可能小且易懂

很多容易遭遇瓶頸的人，都有一開始就將目標設得過大的傾向。如果將目標設得太大，就會讓人望而生畏，提不起勁。

「目標」和工作一樣，**如果太大、太遠或太難，都會帶來負面影響**。所以剛開始時，請從設定小目標著手。

美國史丹佛大學（Stanford University）的心理學家阿爾巴德・班都拉，以及他的同事迪爾・尚克，曾以小朋友為對象，進行一項「耐力」實驗。

他們將受試者分為兩組，請小朋友們完成數學習題的演算。

兩組設定的目標都不相同。

達成目標的主因

❶ 是否有耐力持續下去

近目標……＋90%得到改善
遠目標……＋20%得到改善

❷ 知性的興趣

近目標……＋90%得到改善
遠目標……＋40%得到改善

❸ 達成程度

近目標……全體74%達成
遠目標……全體55%達成

（出處：Bandura, A. & Schunk, D. H.）

一組是以「每天寫六頁習題」為目標，另一組則以「最後要完成二百五十八頁習題」為目標。

首先，他們針對受試者「是否有耐力持續下去」進行調查。

結果發現，前者的改善程度高達九十％。

比方說，過去每天只能寫一頁習題的小朋友，現在變得可以完成兩頁。也就是說，寫作業的幹勁因此成長了兩倍。

可是後者的改善程度卻只有二十二％。

由此可見，如果是設定「每天寫六頁習題」這種程度的簡單目標，孩子們就會產生努力的動力。

那麼，最後到底有多少小朋友可以完成所有的習題呢？

前者的達成率是七十四％；後者的達成率則是五十五％。

我們可以從實驗結果得知，**可以確實實現並達成的小目標愈多，愈容易產生努力的幹勁**。

目標設定 5 預防偷懶

運用「至少」二字來避免偷懶

設定目標時，「至少」這兩個字非常好用。不可思議地，如果感覺目標難度不高的話，想多做一點的動力就會提高。

譬如將目標設定為「『至少』要做伏地挺身二十下」、「『至少』要花一小時看書」等具彈性範圍的話，就會提高執行計畫的動力。

但若是明確規定自己一定要做「〇下伏地挺身」的話，心裡就會萌生偷懶的念頭，想說：「應該也不用一下子做到那麼多，我只要先做〇下就可以了」。

只要換個說法，告訴自己「至少要做〇下伏地挺身」，就會產生想要做超出設定標準的動力。

「回家後，『至少』要花一個小時讀考證照的書！」

「『至少』要在通勤的兩個小時內，進行創意訓練的練習。」

「『至少』要打電話給十個人詢問訂單。」

這個方法不僅可以用在設定任何目標上，也能用在設定某些門檻較低的目標時。這麼一來，除了讓自己做到超出預期的水準，也能為自己帶來「一定做得到」的信心。

一旦決定目標後，若後續怎麼努力都無法達成的話，很容易因此失去幹勁，喪失信心。為了避免這種情況發生，可以將目標設成「至少先做到○○就好」，用這樣的標準來決定目標。

順帶一提，這個技巧也經常被運用在談判上。

當雙方無法達成共識時，可以先做出部分退讓，「至少讓A案先作出決定」。因為不可能一下子就談妥所有的案件，因此以「至少」為標準，先著手可以執行的部分。

提升效率　遊戲態度

工作量極大時，請以「遊戲態度」進行

當手上的工作量大時，光想就會讓人覺得心煩。這時，可以利用一些方式來振奮士氣。

首先，大家必須了解一點，就是無論工作再多、再難，「身體都不會有我們想的那麼累」。

從心理學的研究證實，人類的身體其實非常強健，即便使用過度，也都能承受得住。就算從事跑步、舉重等辛苦訓練，大約也只有使出身體三十%的力氣而已。

之所以會如此，是因為人體具有自動保護機制，如果勉強自己使出更多力氣，可能會傷害肌肉，所以身體會自動踩住剎車。

工作也一樣，就算你想再多做一份工作，身體也會像那沒有使出的七十%一樣，有所保留，因此不至於到你想得那麼累。

儘管如此，「感覺疲累」卻是事實，這又是為什麼呢？

職場上的戰國時代遊戲
就把那件
工作派給
鈴木吧！
G-mate

那是「自我內心的感覺」所引起的。

「天啊，那麼多的工作，怎麼可能做得完啊！」

當內心感覺意氣消沉的瞬間，身體就會感到強烈的疲憊。

換句話說，**如果能將內心調整成適合工作的狀態，身體自然就不會感到疲累。**

那麼，有什麼方法可以用來振奮內心，使內心不會感到疲累或挫敗呢？

就是用「**遊戲**」的方法來看待工作。

「這麼簡單？這樣真的行得通嗎？」

不要懷疑，就是這麼簡單。

試想，當我們玩遊戲時，如果想要順利通關，不是樂於找出各種策略嗎？同樣道理，如果能把工作當成遊戲的話，**就會積極想出各種不同的智慧來應變**。這麼一來，工作再也不會是討厭的苦差事，而是會讓你開心投入的冒險遊戲了。

能力開發 ❶ 提升智力

鍛鍊人際關係的四種能力

有些人很容易就能與他人成為朋友，有些人很自然就能發揮優秀才能……所有能與他人相處融洽的能力，在心理學上就稱為「社會智力」。

一般來說，**社會智力**（Social Intelligence）高的人，不容易在人際關係上與他人起衝突。這類人能與任何人和睦相處，所以很能享受生活的樂趣。

可是，要怎麼做才能提高**社會智力**呢？

為了提高**社會智力**，又該進行哪些能力的鍛鍊呢？

美國心理學家葛都納與T．海吉，曾針對人際關係中的重要智力進行研究。

結果發現，**社會智力**是由四種能力所構成，分別是：

① 組織能力

這是建立並協調人際網絡的能力，同時也是領導者所不可欠缺的能力。許多表演者、製作人或是企業的成功代表都有具備。

或是在一群玩耍的小朋友裡，決定「我們來玩這個遊戲」的人就是。

②談判能力

這是可以巧妙解決問題、預防爭端的能力。

原則上，具備這種能力的人，能促成很多重要合作案件的談成。

此外，這也是擔任外交官、法官等職務的人，所被嚴格要求必須具備的能力。

③感受能力

這是可以強烈感受他人心情，與人心意相通的能力。

具備這種能力的人，不僅擅長建立新的人際關係，也相當懂得應付各類型人。許多從事業務銷售、營運或是擔任老師的人，都明顯具備這項特質。

此外，由於感受能力強的人可以和任何人和睦相處，甚至成為好友，因此也相當受到異性歡迎。

④分析能力

這是可以明確看出他人情緒、動機及感興趣事物的能力。

具備這種能力的人，能洞悉對方意圖，在對方開始行動前，搶先一步行動，所以容易給人親切的印象，也不會讓人在與他相處時感覺有負擔。

分析能力強的人，很適合擔任治療師或心理諮商師。

如果具備寫作才能的話，甚至還可以成為小說家或編劇呢！

上述四種能力，就是建構成熟人際關係的必要條件。

當你在生活中與人相處時，請確實檢視自己能否靈活運用這四種能力。

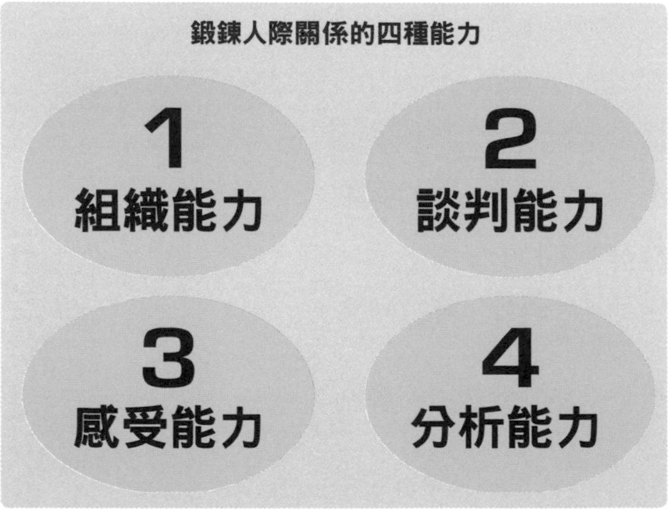

能力開發 ❷ 提升專業性

成為專業人士所要具備的三項能力

根據調查發現，博士、醫師、律師等各行業專家，皆具備本篇介紹的三項能力。透過學習，你也可以進一步提升自己的專業程度。

美國芝加哥大學（The University of Chicago）商學系的海耶・愛荷恩博士指出，想要成為專家，必須具備「三項能力」。

愛荷恩博士找來醫生等各行業專家，針對他們的共同特性進行調查，希望可以找出有助**提升專業技能**的訣竅。

結果發現，具備「**分析事物的能力**」最為重要，而這也就是對事物進行分門別類的能力。

其次為「**能以一貫態度進行判斷的能力**」。

提升專業性的三項能力

1. 分析事物的能力
2. 能以一貫態度進行判斷的能力
3. 能以相同態度辨別資訊重要性的能力

（出處：Einhorn, H. J.）

即使面對突發狀況，也能維持一貫判斷標準，不會慌了手腳、不知所措。不能因為自己的狀況好壞，一會兒說好，一會兒又說不的。

最後則是「**能以相同態度辨別資訊重要性的能力**」。

舉例來說，如果手中有十份可供判斷的資料，對專家來說，這十份資料同等重要，他們會以一貫態度來看待。

反觀非專業人士或專業程度較低的人，則只會注重最初的二至三份，且看法也會有所偏頗。或是只關注在重要報告上，就其主要論點來做出判斷。

能力開發❸ 提升積極性

「因為義務」或「因為開心」而工作的差異

如果不能開心地面對眼前事物的話，就會產生無謂的焦慮或不滿。工作也是一樣，與其抱著勉強的心情去做，倒不如一開始就不要接受還比較好。

如果單純把工作視為義務的話，就無法真誠地享受工作。

如果不能以「因為快樂而工作」的心情來做事，就會覺得自己的寶貴時間與生命被強力剝奪。

工作時，難免會出現各種情緒。有些人之所以能維持在穩定狀態，是基於他們用「因為快樂而工作」的邏輯在工作，絕不是因為義務而被迫工作。

此外，自己也必須對工作展現積極態度，而不是老被工作追著跑。

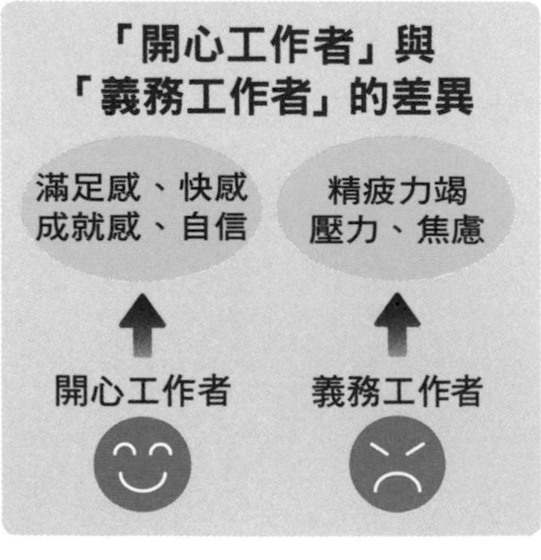

即使是勉強自己進行一項重要工作，如果能用「因為開心而工作」的心態來做事，就算過程會感到疲累，也一定能在完成後得到充分的滿足及快感。

因為義務而工作的結果，只會感到疲累而已。相較之下，自己主動積極投入的工作，反而更能從中獲得滿足、成就、快樂及自信。

所以，到底哪種工作態度比較好呢？

相信答案就不用我再多說了吧！

松下集團創辦人松下幸之助先生曾經說過：「公司不只能讓自己賺錢，還能讓自己成長，真的再也沒有這麼好的事了。」

正因為松下先生是以這樣的心態在工作，所以每天都覺得很新鮮，應該也沒有時間感到精疲力竭吧！

心理小講座 ………… 11

成功達標的 50%性格是什麼？

職場上的成功與否，和「性格」是否有關？

美國聖母大學管理學系教授米歇爾．格蘭特，曾針對這項主題進行下列調查。

他找來一百三十一位平均年齡四十七歲、約有八年業務經驗的房地產仲介，做為調查對象。

本次調查共有兩個重點：

一是「受試者（房地產仲介）的性格」。比方說，「是否可以締造目標更高的業績」、「就算失敗，是否也能不氣餒」等。

二是「實際的銷售業績」。他將「已售出的數量」與「佣金收入（九個月的平均收入）」化為具體的數據資料。

結果發現，竟然可以根據受試者的性格，成功預測出 49.9%的業績。

由此可見，想在職場上成功，約有一半是靠性格決定的。至於另一半，則與其他因素有關。

總而言之，人的成功與否，有 50%取決於「性格」。這一半的影響力，實在不容小覷。

職場成功的重要因素

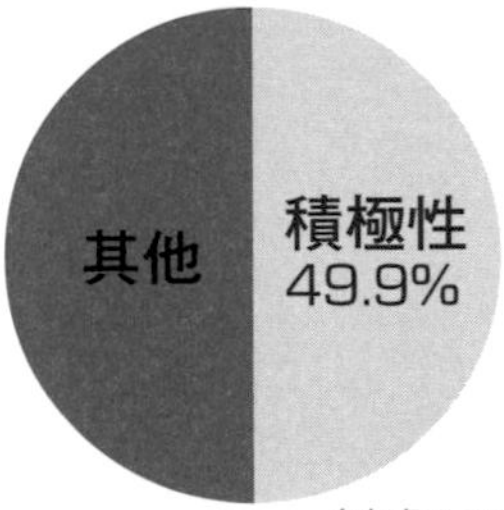

（出處：Crant, M. J.）

心理小講座………12

突破既有觀念後，看到的是機會

以往日本的啤酒商認為，繳納給國庫的酒稅是不容變動的。

直到某家啤酒廠的年輕負責人對這項「既有觀念」感到懷疑，進而發現只要減少酒精的濃度，也能降低酒稅。

所以，他成功開發出口感與啤酒不分軒輊的發泡酒。

在我們的腦海中，其實存在著不少被視為理所當然的想法。

比方說，許多人一直認為柴油車會汙染環境，造成公害而拒絕使用。

然而，在歐洲卻已經研發出優良的柴油引擎，也開發出比汽油車更好的車子。由此可見，從前的觀念現今已不適用。

在歐洲，柴油車賣得比汽油車好，是因為柴油的價格只有汽油的一半而已。

而 TOYOTA 與 HONDA 等汽車廠牌，之所以能在美國大賣、在歐洲卻面臨苦戰，主要也是這個原因。

所以，只要我們能對既有觀念抱持懷疑，商機自然就會無限拓延。

相信各位現在已經明白質疑既有觀念、深入鑽研常識有多重要了吧！

如果要再補充其他說明的話，就是我們也要對常識保持「懷疑」的態度。

比方說，我們不是常有被人提醒後，才猛然發現「啊，這樣啊」的情況嗎？

或是像近來被熱烈討論的利基型產業（譯註：生產少量多樣客製化產品的產業）也是。

總之，不管做什麼生意都可以，只要剛開始的時候，試著從小規模的角度來思考就好了。這樣稍微試一下、那樣稍微試看看，以輕鬆的態度採取行動就可以了。

參考文獻

- Austin, E. J., Deary, I. J., Whiteman, M. C., Fowkes, F. G. R., Pederson, N. L., Rabbitt, P., Bent, N., & McInnes, L. 2002 Relationships between ability and personality: Does intelligence contribute positively to personal and social adjustment? Personality and Individual Differences ,32, 1391-1411.
- Bandura, A., & Schunk, D. H. 1981 Cultivating competence, self-efficacy, and intrinsic interest through proximal self-motivation. Journal of Personality and Social Psychology ,41, 586-598.
- Baron, R. A. 1984 Reducing organizational conflict: An imcompatible response approach. Journal of Applied Psychology ,69, 272-279.
- Baron, R. A. 1988 Negative effects of destructive criticism: Impact on conflict, self-efficacy and task performance. Journal of Applied Psychology ,73, 199-207.
- Baron, R. A. 1990 Environmentally induced positive affect: Its impacct on self-efficacy, task performance, negotiation, and conflict. Journal of Applied Social Psychology ,20, 368-384.
- Bartis, S., Szymanski, K., & Harkins, S. G. 1988 Evaluation and performance: A two-edged knife. Personality and Social Psychology Bulletin ,14, 242-251.
- Bitgood, S. C., & Patterson, D. D. 1993 The effects of gallery changes on visitor reading and object viewing time. Environment and Behavior ,25, 761-781.
- Bohner, G., Crow, K., & Erb, H. P. 1992 Affect and persuasion: Mood effects on the processing of message content and context cues and on subsequent behavior. European Journal of Social Psychology ,22, 511-530.
- Borkovec, T. D., Fleischmann, D. J., & Caputo, J. A. 1973 The measurement of anxiety in an analogue social situation. Journal of Consulting and Clinical Psychology ,71, 157-161.
- Boudreau, J. W., & Boswell, W. R. 2001 Effects of personality on executive career success in the United States and Europe. Journal of Vocational Behavior ,58, 53-81.

- Brauer, M., Judd, C. M., & Gliner, M. D. 1995 The effects of repeated expressions on attitude polarization during group discussions. Journal of Personality and Social Psychology ,68, 1014-1029.
- Chartrand, T. L., & Bargh, J. A. 1999 The chameleon effect: The perception-behavior link and social interaction. Journal of Personality and Social Psychology ,76, 893-910.
- Conroy, J. ., & Sundstrom, E. 1977 Territorial dominance in a dyadic conversation as a function of similarity of opinion. Journal of Personality and Social Psychology ,35, 570-576.
- Crant, J. M. 1995 The proactive personality scale and objective job performance among real estate agents. Journal of Applied Psychology ,80, 532-537.
- Crutchfield, R. S. 1955 Conformity and character. American Psychologist ,10, 191-198.
- Dunegan, K. J. 1993 Framing, cognitive modes, and image theory: Toward an understanding of a glass half hull. Journal of Applied Psychology ,78, 491-503.
- Einhorn, H. J. 1974 Expert judgments: Some necessary conditions and an example. Journal of Applied Psychology ,59, 562-571.
- Erickson, B., Lind, E. A., Johnson, B. C., & O Barr, W. M. 1978 Speech style and impression formation in a court setting: The effects of powerful and powerless speech. Journal of Experimental Social Psychology ,14, 266-279.
- Feldstein, S., Dohm, F. A., & Croun, C. L. 2001 Gender and speech rate in the perception of competence and social attractiveness. Journal of Social Psychology ,141, 785-806.
- Forisha, B. L. 1978 Creativity and imagery in men and women. Perceptual and Motor Skills ,48, 1255-1264.
- Forsythe, S. M. 1990 Effect of applicant's clothing on interviewer's decision to hire. Journal of Applied Social Psychology ,20, 1579-1595.
- Frey, S., & Hirsbrunner, H. P. 1983 Analyzing nonverbal behavior in depression. Journal of Abnormal Psychology ,92, 307-318.
- Frieze, I. H., Olson, J. E., & Russell, J. 1991 Attractiveness and income for men and women in

management. Journal of Applied Social Psychology ,21, 1039-1057.

- Gasper, K., & Clore, G. L. 1998 The persistent use of negatibve affect by anxious individuals to estimate risk. Journal of Personality and Social Psychology ,74, 1350-1363.
- Glass, D. C., Lavin, D. E., Gordon, A., & Donohoe, P. 1969 Obesity and persuasibility. Journal of Personality ,37, 407-414.
- Goldfried, M. R., & Sobocinski, D. 1975 Effect of irrational belief on emotional arousal. Journal of Consulting and Clinical Psychology ,43, 504-510.
- Gould, S., & Penley, L. E. 1984 Career strategies and salary progression: A study of their relationships in a municipal bureaucracy. Organizational Behavior and Human Performance ,34, 244-265.
- Hackman, J. R., & Lawler, E. E.. 1971 Employee reactions to job characteristics. Journal of Applied Psychology ,55, 259-286.
- Harmon, R. R., & Coney, K. A. 1982 The persuasive effects of source credibility in by and lease situations. Jorunal of Marketing Research ,14, 255-260.
- Harris, M. B., James, J., Chavez, J., Fuller, M. L., Kent, S., Massanari, C., Moore, C., Walsh, F. 1983 Clothing: Communication, compliance, and choice. Journal of Applied Social Psychology ,13, 88-97.
- Holloway, S., Tucker, L., & Hornsteins, H. A. 1977 The effects of social and non-social information on interpersonal behavior of males: The news makes news. Journal of Personality and Social Psychology ,35, 514-522.
- Howard, D. J., & Gengler, C. 2001 Emotional contagion effects on product attitudes. Journal of Consumer Research ,28, 189-201.
- Hunt, R. G., Krzystofiak, F. J., Meindl, J. R., & Yousry, A. M. 1989 Cognitive style and decision making. Organizational Behavior and Human Decision Processes ,44, 436-453.
- Jarvenpaa, S. L., & Leidner, D. E. 1999 Communication and trust in global virtual teams. Organization Science ,10, 791-815.

- Jones, A. S., & Gelso, C. J. 1988 Differential effects of style of interpretation: Another look. Journal of Counseling Psychology ,35, 363-369.
- Kalma, A. 1992 Gazing in triads: A powerful signal in floor apportionment. Britich Journal of Social Psychology ,31, 21-39.
- Katzev, R., & Mishima, H. R. 1992 The use of posted feedback to promote recycling. Psychological Reports ,71, 259-264.
- Keenan, A., & Newton, T. J. 1985 Stressful events, stressors and psychological strains in young professional engineers. Journal of Occupational Behavior ,6, 151-156.
- Leary, M. R., Rogers, P. A., Canfield, R. W., & Coe, C. 1986 Boredom in interpersonal encounters: Antecedents and social implications. Journal of Personality and Social Psychology ,51, 968-975.
- Loehr, J. E. 1995 The New Toughness Training For Sports. Plume.
- Lord, R. G., DeVader, C. L., & Alliger, G. M. 1986 A meta-analysis of the relation between personality traits and leadership perceptions: An application of validity generalization procedures. Journal of Applied Psychology ,71, 402-410.
- Miceli, M. P., & Near, J. P. 2002 What makes whistle-blowers effective? Three field studies. Human Relations ,55, 455-479.
- Miller, N. 1965 Involvement and dogmatism as inhibitors of attitude change. Journal of Experimental Social Psychology ,1, 121-132.
- Parks, M. R., & Floyd, K. 1996 Making friends in cyberspace. Journal of Communication ,46, 80-97.
- Pedalino, E., & Gamboa, V. U. 1974 Behavior modification and absenteeism: Intervention in one industrial setting. Journal of Applied Psychology ,59, 694-698.
- Pennebaker, J. M., Mayne, T. J., & Francis, M. E. 1997 Linguistic predictors of adaptive bereavement. Journal of Personality and Social Psychology ,72, 863-871.
- Perrine, R. M., & Heather, S. 2000 Effects of picture and even a penny will help appeals on anonymous

donations to charity. Psychological Reports ,86, 551-559.

- Peterson, R. S., Owen, P. D., Tetlock, P. E., Fan, E. T., & Martorana, P. 1998 Group dynamics in top management teams: Groupthink, vigilance, and alternative models of organizational failure and success. Organizational Behaivor and Human Decision Processes ,73, 272-305.
- Rafaeli, A., & Pratt, M. G. 1993 Tailored meanings: On the meaning and impact of organizational dress. Academy of Management Review ,18, 32-55.
- Roberts, D. S. L., & MacDonald, B. E. 2001 Relations of imagery, creativity, and socioeconomic status with performance on a stock-market e-trading game. Psychological Reports ,88, 734-740.
- Shanteau, J. 1988 Psychological characteristics and strategies of expert decision makers. Acta Psychologica ,68, 203-215.
- Shaw, M. E., & Blum, J. M. 1966 Effects of leadership style upon group performance as a function of task structure. Journal of Personality and Social Psychology ,3, 238-242.
- Siegman, A. W. 1976 Do noncontingent interviewer Mm-hmms facilitate interviewee productivity? Journal of Consulting and Clinical Psychology ,44, 171-182.
- Simonton, D. K. 1992 The social context of career success and course for 2,026 scientists and inventors. Personality and Social Psychology Bulletin ,18, 452-463.
- Skarlicki, D. P., Folger, R., & Tesluk, P. 1999 Personality as a moderator in the relationship between fairness and retaliation. Academy of Management Journal ,42, 100-108.
- Sprecher, S. 1998 Insider s perspectives on reasons for attraction to a close other. Social Psychology Quarterly ,61, 287-300.
- Sprecher, S., & Duck, S. 1994 Sweet talk: The importance of perceived communication for romantic and friendship attraction experienced during a get-acquainted date. Personality and Social Psychology Bulletin ,20, 391-400.
- Strack, F., Martin, L. L., & Stepper, S. 1988 Inhibiting and facilitating conditions of the human

smile: A nonobstrusive test of the facial feedback hypothesis. Journal of Personality and Social Psychology ,54, 768-777.

- Sugarman,K. 1999 Winning the Mental Way Step Up Publishig.
- Swami, V., Chan, F., Wong, V., Furnham, A., & Tovee, M. J. 2008 Weight-based discrimination in occupational hiring and helping behavior . Journal of Applied Social Psychology ,38, 968-981.
- Thornhill, R., Grangstad, S. W., & Comer, R. 1995 Human female orgasm and mate fluctuating asymmetry. Animal Behavior ,50, 1601-1615.
- Vonk, R. 1998 The slime effect: Suspicion and dislike of likeable behavior toward superiors. Journal of Personality and Social Psychology ,74, 849-864.
- Vrij, A., Akehurst, L., & Morris, P. 1997 Individual differences in hand movements during deception. Journal of Nonverbal Behavior ,21, 87-102.
- Wanke, M., Bohner, G., & Jurkowitsch, A. 1997 There are many reasons to drive a BMW: Does imagined ease of argument generation influence attitudes? Journal of Consumer Research ,24, 170-177.
- West, M. A., & Anderson, N. R. 1996 Innovation in top management teams. Journal of Applied Psychology,81, 680-693.
- Zemanek, J. E. Jr., Claxton, R. P., & Zemanek, W. H. G. 2000 Relationship of birth order and the marketing-related variable of materialism. Psychological Reports ,86, 429-434.

- 三隅二不二・佐古秀一 1983 大韓航空機火災時における避難誘導行動実態調査 年報社会心理学 ,24, 65-73.

Ideaman 156

3秒搞定！圖解職場心理學

克服社交弱點、看穿對方心思、贏得場面優勢的120則心理技巧

原著書名——図解 3秒で相手を操る!ビジネス心理術事典
原出版社——株式会社イースト・プレス
作者——內藤誼人
譯者——陳美瑛
企劃選書——魏秀容
責任編輯——魏秀容、劉枚瑛
協力編輯——連秋香
版權——吳亭儀、江欣瑜、林易萱
行銷業務——周佑潔、賴玉嵐、賴正祐

總編輯——何宜珍
總經理——彭之琬
事業群總經理——黃淑貞
發行人——何飛鵬
法律顧問——元禾法律事務所 王子文律師
出版——商周出版
台北市104中山區民生東路二段141號9樓
電話：(02) 2500-7008 傳真：(02) 2500-7759
E-mail：bwp.service@cite.com.tw
Blog：http://bwp25007008.pixnet.net./blog
發行——英屬蓋曼群島商家庭傳媒股份有限公司城邦分公司
台北市104中山區民生東路二段141號2樓
書虫客服專線：(02) 2500-7718、(02) 2500-7719
服務時間：週一至週五上午09:30-12:00；下午13:30-17:00
24小時傳真專線：(02) 2500-1990；(02) 2500-1991
劃撥帳號：19863813 戶名：書虫股份有限公司
讀者服務信箱：service@readingclub.com.tw
城邦讀書花園：www.cite.com.tw
香港發行所——城邦（香港）出版集團有限公司
香港灣仔駱克道193號超商業中心1樓
電話：(852) 25086231傳真：(852) 25789337
E-mailL：hkcite@biznetvigator.com
馬新發行所——城邦（馬新）出版集團【Cité (M) Sdn. Bhd】
41, Jalan Radin Anum, Bandar Baru Sri Petaling,
57000 Kuala Lumpur, Malaysia.
電話：(603) 90563833 傳真：(603) 90576622
E-mail：services@cite.my

美術設計——copy
印刷——卡樂彩色製版印刷有限公司
經銷商——聯合發行股份有限公司 電話：(02) 2917-8022 傳真：(02) 2911-0053

2013年（民102）6月4日初版
2023年（民112）8月1日2版
定價420元 Printed in Taiwan
ISBN 978-626-318-702-3
ISBN 978-626-318-708-5（EPUB）

國家圖書館出版品預行編目（CIP）資料

3秒搞定！圖解職場心理學：克服社交弱點、看穿對方心思、贏得場面優勢的120則心理技巧 / 內藤誼人著；陳美瑛譯. -- 2版. -- 臺北市：商周出版：英屬蓋曼群島商家庭傳媒股份有限公司城邦分公司發行,
民112.08 304面；14.8×21公分. --（Ideaman；156） 譯自：図解 3秒で相手を操る!ビジネス心理術事典
ISBN 978-626-318-702-3（平裝） 1.CST: 職場成功法 2.CST: 工作心理學 3.CST: 人際關係 494.35 112007308

商周出版

廣	告	回	函
北區郵政管理登記證			
台北廣字第000791號			
郵資已付，免貼郵票			

104台北市民生東路二段 141 號 B1

英屬蓋曼群島商家庭傳媒股份有限公司

城邦分公司

請沿虛線對摺，謝謝！

商周出版

書號： BI7156	**書名：** 3秒搞定！圖解職場心理學	**編碼：**

請於此處用膠水黏貼

商周出版

讀者回函卡

線上版讀者回函卡

感謝您購買我們出版的書籍！請費心填寫此回函卡，我們將不定期寄上城邦集團最新的出版訊息。

姓名：＿＿＿＿＿＿＿＿＿＿＿＿＿＿＿＿＿＿＿＿ 性別：☐男 ☐女

生日：西元＿＿＿＿＿＿＿年＿＿＿＿＿＿＿月＿＿＿＿＿＿＿日

地址：＿＿＿＿＿＿＿＿＿＿＿＿＿＿＿＿＿＿＿＿＿＿＿＿＿＿＿＿

聯絡電話：＿＿＿＿＿＿＿＿＿＿＿＿ 傳真：＿＿＿＿＿＿＿＿＿＿＿

E-mail ：

學歷：☐ 1. 小學 ☐ 2. 國中 ☐ 3. 高中 ☐ 4. 大學 ☐ 5. 研究所以上

職業：☐ 1. 學生 ☐ 2. 軍公教 ☐ 3. 服務 ☐ 4. 金融 ☐ 5. 製造 ☐ 6. 資訊

☐ 7. 傳播 ☐ 8. 自由業 ☐ 9. 農漁牧 ☐ 10. 家管 ☐ 11. 退休

☐ 12. 其他＿＿＿＿＿＿＿＿＿＿＿＿＿＿＿＿＿＿＿＿＿＿＿

您從何種方式得知本書消息？

☐ 1. 書店 ☐ 2. 網路 ☐ 3. 報紙 ☐ 4. 雜誌 ☐ 5. 廣播 ☐ 6. 電視

☐ 7. 親友推薦 ☐ 8. 其他＿＿＿＿＿＿＿＿＿＿＿＿＿＿＿＿＿

您通常以何種方式購書？

☐ 1. 書店 ☐ 2. 網路 ☐ 3. 傳真訂購 ☐ 4. 郵局劃撥 ☐ 5. 其他＿＿＿

您喜歡閱讀那些類別的書籍？

☐ 1. 財經商業 ☐ 2. 自然科學 ☐ 3. 歷史 ☐ 4. 法律 ☐ 5. 文學

☐ 6. 休閒旅遊 ☐ 7. 小說 ☐ 8. 人物傳記 ☐ 9. 生活、勵志 ☐ 10. 其他

對我們的建議：＿＿＿＿＿＿＿＿＿＿＿＿＿＿＿＿＿＿＿＿＿＿＿＿

＿＿＿＿＿＿＿＿＿＿＿＿＿＿＿＿＿＿＿＿＿＿＿＿＿＿＿＿＿＿

＿＿＿＿＿＿＿＿＿＿＿＿＿＿＿＿＿＿＿＿＿＿＿＿＿＿＿＿＿＿

【為提供訂購、行銷、客戶管理或其他合於營業登記項目或章程所定業務之目的，城邦出版人集團（即英屬蓋曼群島商家庭傳媒（股）公司城邦分公司、城邦文化事業（股）公司），於本集團之營運期間及地區內，將以電郵、傳真、電話、簡訊、郵寄或其他公告方式利用您提供之資料（資料類別：C001、C002、C003、C011 等）。利用對象除本集團外，亦可能包括相關服務的協力機構。如您有依個資法第三條或其他需服務之處，得致電本公司客服中心電話 02-25007718 請求協助。相關資料如為非必要項目，不提供亦不影響您的權益。】

1.C001 辨識個人者：如消費者之姓名、地址、電話、電子郵件等資訊。 2.C002 辨識財務者：如信用卡或轉帳帳戶資訊。

3.C003 政府資料中之辨識者：如身分證字號或護照號碼（外國人）。 4.C011 個人描述：如性別、國籍、出生年月日。

請於此處用膠水黏貼